遇见物理

主　编　杜启明　郑春华

副主编　唐　毅　高玲玲

编　委　庄慧慧　陈　静　池秀芝　刘秀敏

薄　鸟　张　娥　何南燐　杨　阳

刘凤凤　肖　萌

电子科技大学出版社

University of Electronic Science and Technology of China Press

·成都·

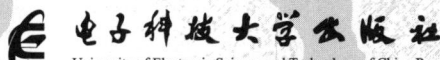

图书在版编目（CIP）数据

遇见物理 / 杜启明，郑春华主编．—成都：电子科技大学出版社，2023.10

ISBN 978-7-5770-0334-4

Ⅰ.①遇… Ⅱ.①杜… ②郑… Ⅲ.①物理学—普及读物 Ⅳ.①O4-49

中国国家版本馆 CIP 数据核字（2023）第 113219 号

遇见物理

杜启明　郑春华　主编

策划编辑　汤云辉

责任编辑　汤云辉

出版发行　电子科技大学出版社

成都市一环路东一段 159 号电子信息产业大厦九楼

邮编　610051

主　　页　www.uestcp.com.cn

服务电话　028-83203399

邮购电话　028-83201495

印　　刷　成都新恒川印务有限公司

成品尺寸　148mm×210mm

印　　张　3.75

字　　数　120 千字

版　　次　2023 年 10 月第 1 版

印　　次　2023 年 10 月第 1 次印刷

书　　号　ISBN 978-7-5770-0334-4

定　　价　26.00 元

Preface | 前　言

本书致力于为中学生介绍生活中的科技知识，通过浅显易懂的语言讲解生活中所蕴含的科学道理。考虑当前国内外科普读物的发展动向以及我国当前科学课程的教学现状，本书在编写的过程中注重物理学的理论体系的系统性、完整性和科学性，同时注重科学思想的培养。本书可以作为中学生学习自然科学知识的课外读物。

本书在编写过程中，充分挖掘国家建设领域和生活中的现象所包含的物理思想，通过浅显易懂的语言描述，让年轻读者明白物理学与我们的国家建设息息相关。国家建设领域众多，其中蕴含着非常丰富的科学思想。物理学可以使我们更详细、更清晰、更完整地去观察这个物质世界，可以告诉人们这个物质世界的运行规律。本书旨在用浅显易懂的语言结合实例讲述物理学原理，为后续科普读物的开发提供一个方向，起到抛砖引玉的作用。

编者

2023 年 3 月

Contents | 目　录

1　高处跌落的猫

俗话说，“猫”有九条命。如果猫不慎从高处跌落，开始的时候是四脚朝天、背朝地，但它在空中却可调整姿势，最后四肢安全着地。这是因为猫内耳里的一个器官具有强大的平衡功能，能够迅速地判断出身体的位置，很快就能意识到危险，它通过摆动尾巴，调节身体的姿势，让四脚向下。猫在下落时会将四肢向外伸张，原理和降落伞有点相似，这样的姿势在下落过程中可以减缓速度；猫的身段十分柔软，全身的骨头多达 240 多块，身体可以扭曲成各种诡异的角度和姿势。当猫着地的时候，四脚有微曲，这样冲击力就不会直直地沿着骨骼传播，还会分散到肌肉和关节之间，减小下落过程的冲击力，从而增强了着地的安全性。猫在空中利用尾巴转体的动作遵守角动量守恒。猫可以从很高的地方摔下来而不受伤，并不是因为猫的命大，而是它们自身身体构造的优势。因此，猫有九条命也只是美丽的传说。

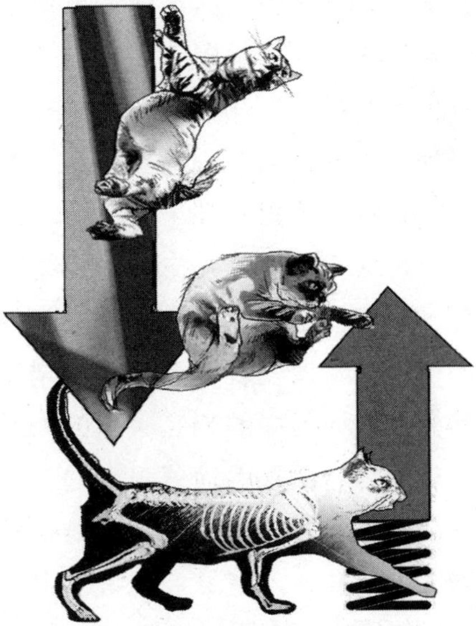

2 人造地球卫星运行的奥秘

人造地球卫星是人类人工制造出来环绕地球在空间轨道上运行的无人航天器。人造地球卫星环绕着地球运转，以便进行探测或科学研究。人造地球卫星基本按照天体力学规律环绕地球运动。天体力学规律以英国著名科学家牛顿发现的万有引力定律为基础。牛顿（1643－1727）是英国伟大的数学家、物理学家、天文学家和自然哲学家。在一个炎热的下午，牛顿看到一个熟透的苹果从树上掉下来，落到地面上，然后又抬头看看天上的太阳，这是一个非常平常的自然现象，却引起了牛顿深深的思考。他认为，苹果成熟只往地上掉，说明地球对物体有吸引力，从而发现了万有引力定律。万有引力是指物体间由于具有质量而引起的相互吸引的力量。人造卫星在太空中的运转正是因为它受到的地球对它的万有引力，与人造卫星在太空中围绕地球运转的离心力相平衡。科学家通过火箭把人造卫星发射上天，并让人造卫星在天空中为我们人类工作正是利用了牛顿所发现的万有引力定律。

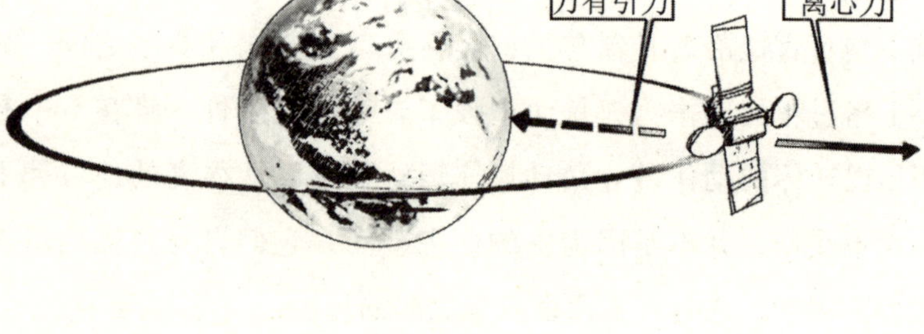

3　航空母舰漂浮在水面上的奥秘

航空母舰是用钢铁打造的大型海上作战平台，仔细观察整个航空母舰的结构，我们会发现航空母舰的结构是一个凹形的物体，中间是空心的。物体放到水中都要受到水的浮力的作用，水的浮力与物体排开水的体积有关，对于相同质量的物体，排开水的体积越大，所受的浮力也就越大。一张纸揉成一团压实放入水中，会沉入水底，折叠成一个纸船就能够漂浮在水面上，正是因为纸船中部空心，能够排开水的体积更大。航空母舰虽然很大，但排开水的体积也很大，所受到的浮力也就很大，因此，航空母舰就可以装载很多物资和人员。

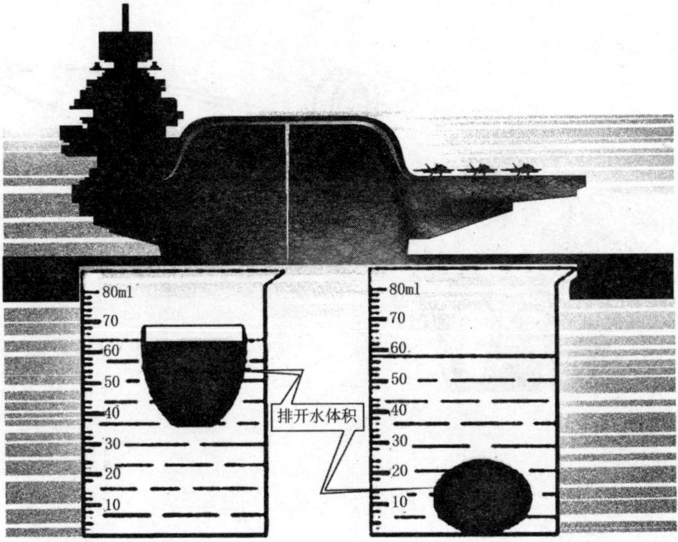

4 刀刃

冷兵器时代，刀剑、弓弩是主要作战武器，汉环首刀、大唐陌刀等是古代中国得以克敌制胜的重要武器装备。现代军队中也装备有匕首、刺刀等。仔细观察刀的结构，会发现刀体的一边都有很薄的刀刃，另一边是很厚的刀背，其结构在古代就已经得到广泛应用。刀刃与物体接触的面积比刀背与物体的接触面积要小得多，用相同的力，接触面积小的区域受到的压迫要大得多，就更容易把物体切开。所以，厨师总是用刀刃将肉切开。白刃战中，战士用刀刃砍向敌人，就可以让敌人受到更大的伤害。

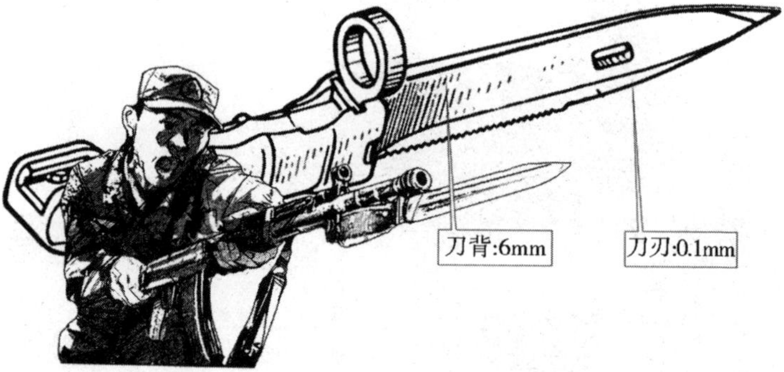

5 弩

弩（西方也叫“十字弓”）是一种利用物理原理进行远射的武器，几千年来以击穿敌人盔甲来伤敌制敌。传统的弓箭只有非常强壮的射手才能使用，因为他们必须把弓拉开并且在瞄准时保持稳定。但有了弩以后，比较弱小的人可以借助腿部的力量来拉弦。后来人们还使用各种杠杆、齿轮、滑轮和曲柄来增加使用者拉弦时的力量。14 世纪时，欧洲出现了以钢铁打造且配备齿轮式上弦器的弩。上弦器由齿轮和曲柄组成，射手只要转动曲柄就能把弓弦往后拉。在弓弦往后拉时，弓就被弯曲，弓在弯曲时储存有弹性势能，放开后这些势能就转变为箭飞行时的动能。由于弩在发射时几乎没有声响，现今有的特种部队也装备有弩。

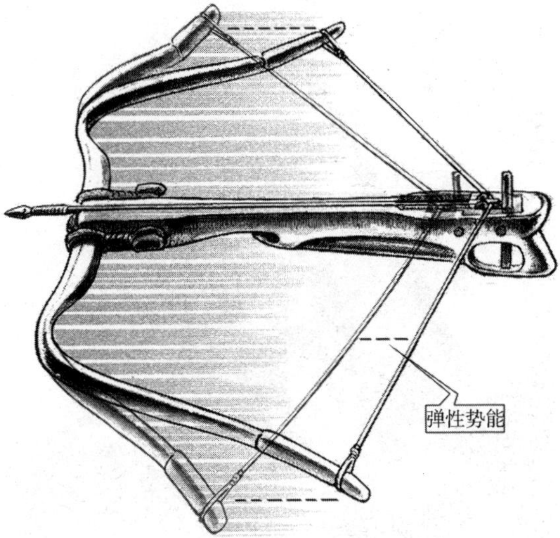

6 火箭发射的原理

中国古代嫦娥奔月的神话传说表达了古人对探索太空的美好向往。随着我国航天科技的发展，我国发射人造地球卫星和宇宙飞船的频率越来越高，航天强国的地位逐渐稳固。“玉兔号”月球探测器也成功地在月球表面着陆，我国成为少数几个能够发射载人空间站的航天强国。无论是发射人造地球卫星、宇宙飞船，还是发射载人空间站，都离不开火箭。火箭的雏形在我国古代就出现了。在南宋时出现了作为烟火玩物的“起火”，其后又出现了利用“起火”推动的翎箭。但是从烟火到载人航天在技术上有着天壤之别。火箭在空中飞行，会向后喷出火焰，火箭自身的质量就会减少，火箭就可以向前加速，遵守动量定理和动量守恒定律。火箭使人类有能力突破地球引力的束缚，到达外太空，但是其最基本的物理原理并不复杂。

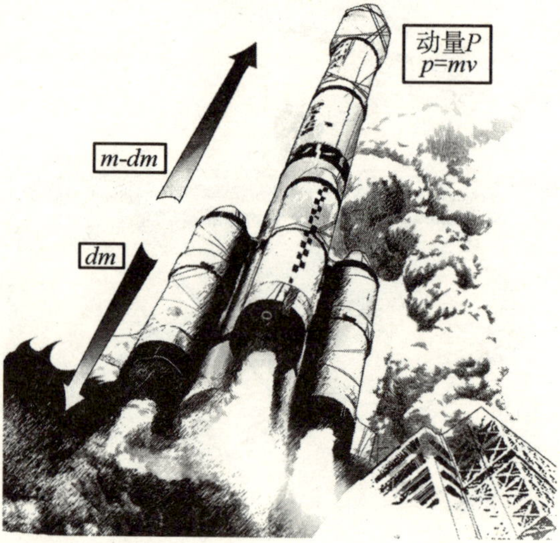

7　拱桥

我们坐车去旅行，可以看到火车、高速路的隧道、桥梁是拱形的。生活中存在着很多拱形结构的桥和建筑，赵州桥是拱形结构的杰出代表，修建于隋唐年间，在当时是世界上最长的石拱桥，是中华人民的智慧结晶之一，为当时军队物资的运输提供了巨大的便利，为隋唐大统一王朝的稳定繁荣做出了巨大的贡献。赵州桥拱长达 37 米，桥洞不是普通半圆形，而像一张弓，桥面平坦宽阔，称为“坦拱”，兼顾了水陆交通，方便了车马运行。赵州桥屹立千年而不倒，其建筑技术让人惊叹不已。细究其建造结构，与鸡蛋的结构存在着千丝万缕的联系。1 个鸡蛋，质量大约 50 克，在受力均匀的情况下可以承受至少 341 牛顿的力，相当于它自身重量的 682 倍，一个成年人单手握捏一个鸡蛋，无论怎么用力也不能把鸡蛋捏碎。薄薄的鸡蛋壳之所以能承受这么大的压力，是因为鸡蛋的拱形结构，它能够把压力分散到蛋壳的各个部位。拱桥就是运用了这一物理原理，将所承载的重力分解为一部分水平的力，同时将所受到的力分散到桥梁的各个部分，使拱桥的承载能力大大提升了。因此拱形结构的应用非常广泛。

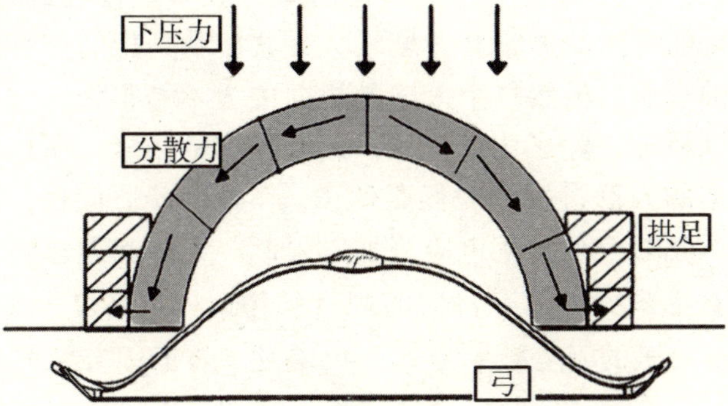

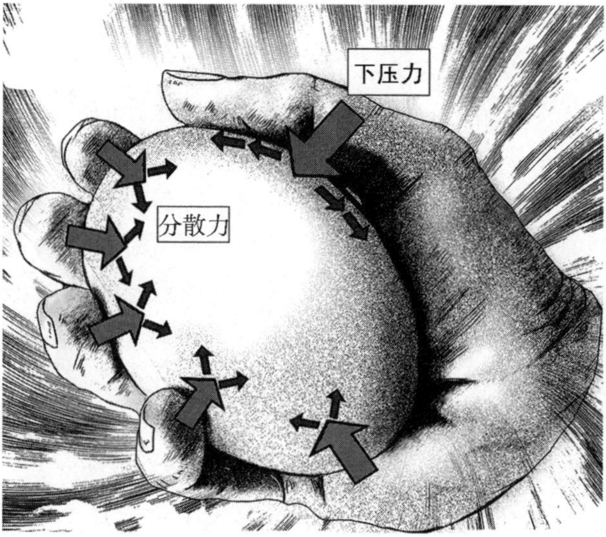

8 共振

1904 年，一队俄国士兵以整齐步伐通过彼得堡的一座桥时，桥面发生了坍塌。当时部队以整齐的步伐踩踏桥面，每踩踏一次桥面，就会给桥面施加一个强迫力，当这个强迫力的频率与桥的固有频率相接近时就会产生强烈的共振而导致桥面被破坏。共振是一种物理现象，振动体在周期性变化的外力作用下做受迫振动，当外力的频率与振动体的固有频率很接近或相等时，受迫振动的物体的振幅会急剧增大，共振就是指的这种振幅急剧增大的现象。虽然每个人踩踏桥面的力不是很大，但整齐的步伐踩踏桥面，除了力的因素，还有频率的因素。所以，当人数比较多的人群过桥的时候要便步，不能齐步。同理，港珠澳大桥上行驶的汽车数量也应当加以限制。人体和人体的器官属于弹性质量系统，都有自己的固有频率，一般在 2 ~ 20 赫兹，比如人体心脏的固有频率为 20 ~ 40 赫兹，胃的固有频率为 4 ~ 8

赫兹，大脑的固有频率为 8 ~ 12 赫兹。如果外界有这些频率的振动源，我们人体就会感到不舒服。汽车、轮船在行驶的时候会产生各种各样的振动，比如发动机工作要产生振动，螺旋桨工作要产生振动等。现在的汽车都采取了很多措施控制振动，但次声段的低频振动很难控制，这就导致容易晕车的人乘坐越高级的轿车反而晕得越厉害。

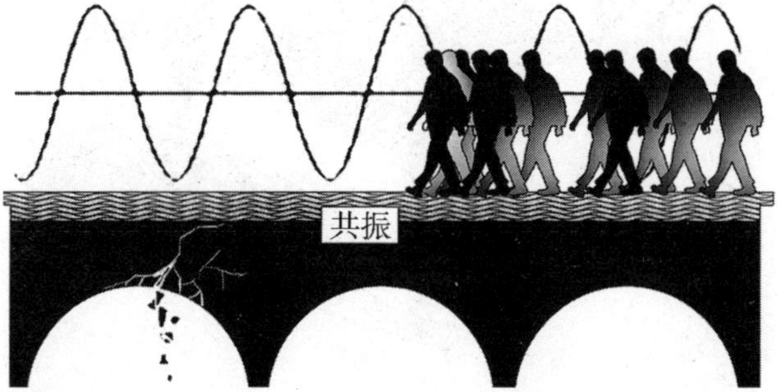

9　飞机的升力

飞机的出现大大缩短了人们出行的时间，飞机在军事上的应用也大大改变了战争的形态。飞机一般由机身、机翼、尾翼、起落装置和发动机五部分组成。仔细观察飞机机翼的结构和形状，机翼安装在机身中部两侧，且机翼上面凸，下面凹或平，这样空气（风）在吹过这种形状的机翼表面时，上表面的空气（风）走的路比下表面的长，因此上表面的空气（风）速度要比下表面的快，这样就产生了一个向上的压力差，这个压力差就是飞机的升力，就是这个升力把飞机送上天空的。现今，各个国家都加快了空军的建设步伐，战斗机的研制是加强空军建设的核心工作。

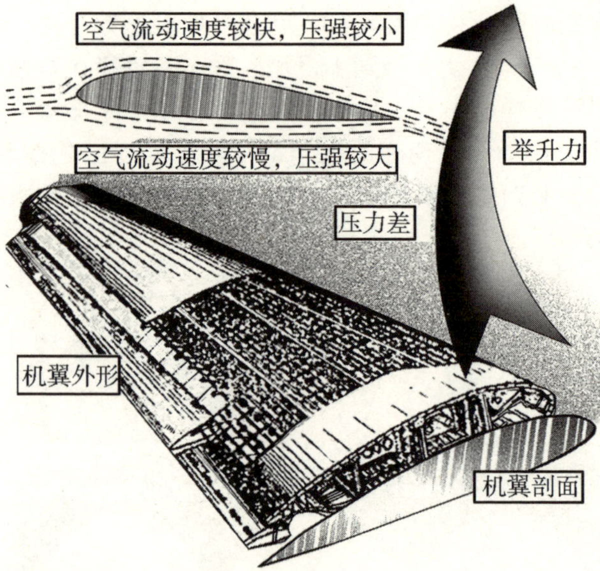

10　抗洪救灾中的科学原理

我国是自然灾害多发的国家，中国人民解放军和武警部队多次承担抗洪救灾的重要任务。部队抗洪救灾也是我们国家国防建设的重要组成部分。1998 年长江流域出现特大洪峰，解放军战士在抗洪抢险中的突出表现引起了世人的关注。1998 年长江第六次洪峰来临时，预计水位要达到 45 米以上，如果分洪，几千万亩粮田将受淹，荆江地区人民的财富、房屋将毁于一旦。如果不分洪，一旦大堤决口，被淹的区域更广，人民的损失将更大。在此紧要关头，科学家也积极参与协助部队抗洪，提供了非常有效的科学方法。防洪总指挥部的科学家们仔细地研究了荆江段的堤坝底部沙土特性、堤坝结构和高水位对堤坝的作用力等，经过精密计算和分析，提出了在水位涨到 45.30 米都可以严防死守，从而采用了沉船堵决口和钢木土石组合坝封堵相结合的方法，将长江堤口完全堵住，创造了大流量干流洪峰期决口封堵的奇迹，保护了沿岸广大人民的生命财产安全。50 多天的实践证明，这项决策是英明正确的，力学为防洪立了一大功。抗洪抢险为什么要严防死守？解放军官兵在长江的中下游的抗洪抢险，都是加固堤坝，严防死守，为什么不能像历史上的大禹治水一样采用疏的方式通过把江水分洪，从而让洪水从人烟稀少的地方流出去？其主要原因是长江中下游地区，人口比较稠密，经济比较发达，工业厂矿比较多，而且有些地方的堤坝比当地城市的一些房屋还高，一旦分洪，当地改革开放几十年来创造的财富、房屋、厂房等资产都将毁于一旦。1954 年长江荆江段的水位达到 44.4 米时实行了炸堤分洪，因为那个时候，荆江地区的经济不是很发达，我们的建筑技术还比较落后，还不足以应对大洪水对堤坝的冲击。如今随着科技和建筑技术的发展，我们有足够的实力来加固堤坝、严防死守。

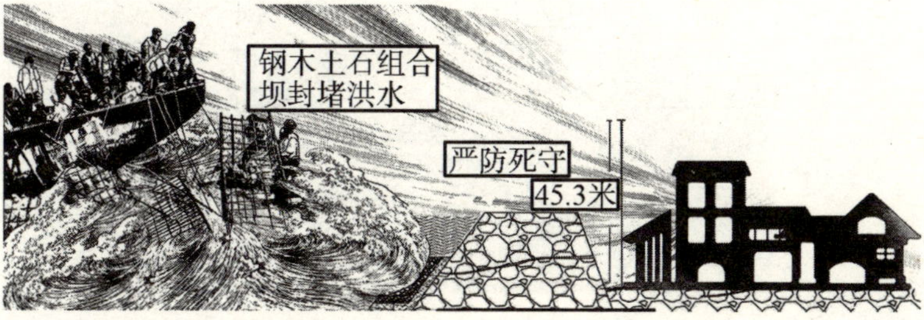

11　千里之堤毁于蚁穴

1998 年长江特大洪峰到达九江段，在大堤的堤脚发现正在向外喷水的管涌，半小时不到，管涌变成带有漩涡的大坑，解放军战士将沙包、石块甚至是满载石块的军车投入大坑，都无法阻挡大堤开裂。造成这一事故的原因是多方面的，如工程质量，但直接原因正是大堤“管涌”。当长江一直处于高水位状态，水对大堤根部的压力也随之增大，地下水经过大坝的渗流也会加大，渗流过程中原来松软的沙土也会随着渗流水被一起带走，使渗流的通道越来越大，最后从大坝的底部彻底瓦解大坝。古语“千里之堤毁于蚁穴”就是这个道理。

12　远离运动的轮船

当小明同学从小慧同学身旁跑过的时候，小慧同学会感觉到有风，这是因为空气具有流动性。同理，当轮船或火车在运动时，轮船周围的水或火车周围的空气会随运动的物体一起向前运动。而且，轮船速度越快，越靠近轮船的水的运动速度越快；火车速度越快，越靠近火车的空气的运动速度也越快，形成的风也就越大。在相同的速度下，河流中运动着的船产生的吸引力比火车产生的吸引力大得多。所以，在游泳时要远离水中运动的物体；在地铁或火车站台上等车时要站在安全白线的后面。

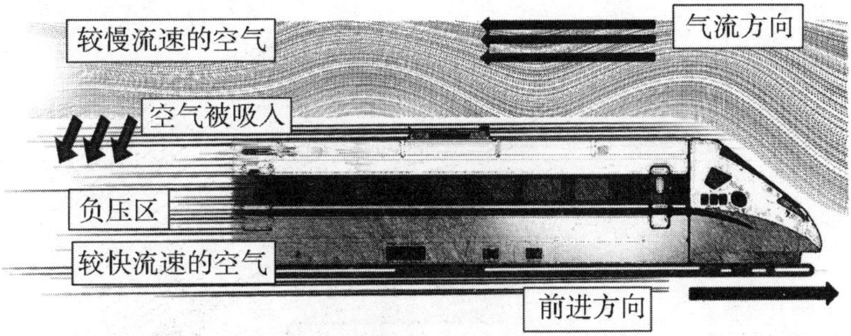

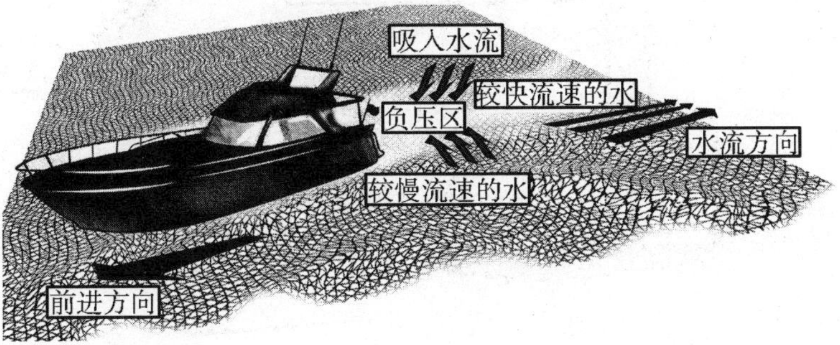

13　台风来了关门窗

我国东南沿海地区，每年夏秋季节常遭遇台风，肆虐的台风常常卷起大树、掀走屋顶，给我们带来灾难。台风刮来时，如果紧闭门窗，风对墙面就会有一个推力，对于十二级台风的风力，墙面承受这个推力一般没有什么问题。但当门窗打开时，风穿过房屋，由于屋顶的隆起形状使得屋顶上的风要加快速度吹过，由于屋顶内外空气流动速度不一样，外面的速度快，屋里的速度慢，因此就在屋顶产生了一个压力差，这个压力差的方向是向上的，足以掀掉一般砖木结构的屋顶。因此台风来时还是关紧门窗为好。

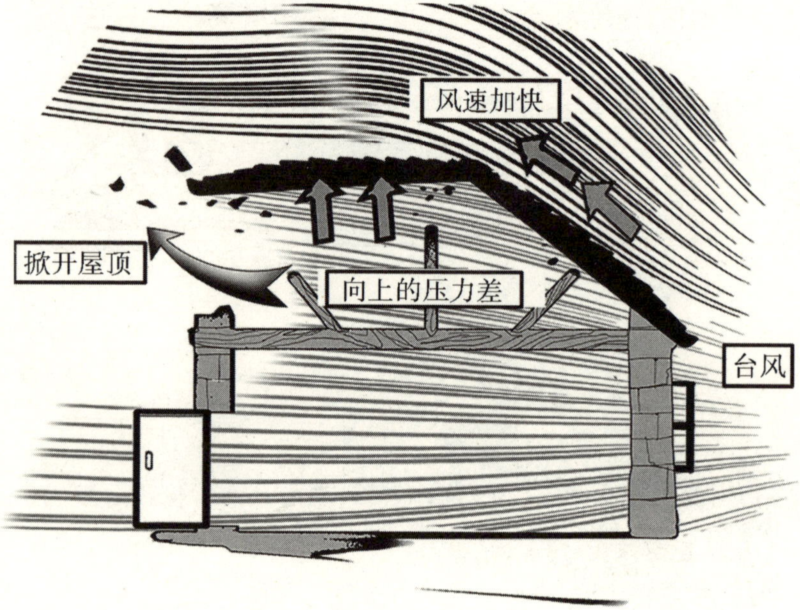

14　龙卷风来了开门窗

龙卷风是一种旋转风，空气在其中快速旋转，速度极快，风速最高可达 500 千米/小时。龙卷风的中心压力极低，所以，在龙卷风经过某个建筑物时，就会在建筑物四周产生一个瞬时的超低气压区，如果门窗是关紧的，屋内的空气不能迅速流向屋外，就使得屋内压力相对屋外突然升高，这非常容易把屋子从内部炸开。而在龙卷风到来时，迅速打开门窗，让屋内外的空气迅速交流，则房屋的损失就要小一些。1974 年在美国俄亥俄州发生了一次龙卷风，当地有位查尔斯·斯坦福先生的房子是那个街区唯一一幢没有倒塌的房子，就是因为查尔斯·斯坦福先生在龙卷风到来时把家中门窗全部打开的缘故。

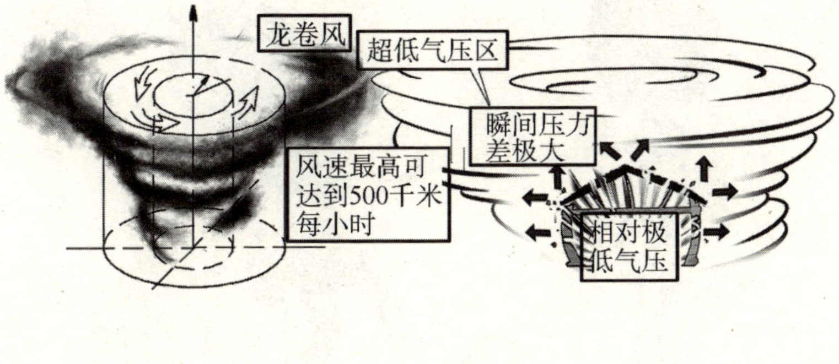

15 脚踢头歪

平时军事体育训练中，当要用脚向前或向侧方踢出的时候，身体的上半身会向后或向另一侧偏，否则，无法完成踢腿的动作。这究竟是什么原因呢？寻找平衡是我们人类在日常生活当中的无意识行为。这种无意识的行为是人类一生下来就会的。比如，将婴儿放入澡盆里洗澡的时候，他会不自主地抓住澡盆的边沿。人无论行、走、站、立、坐、卧都会考虑平衡。当人双脚站立的时候，是处于一种平衡状态，当要把一只脚抬起的时候，原有的平衡被破坏了，就会寻找新的平衡，抬起脚的另外一侧的上半身就会偏离竖直站立的方向。

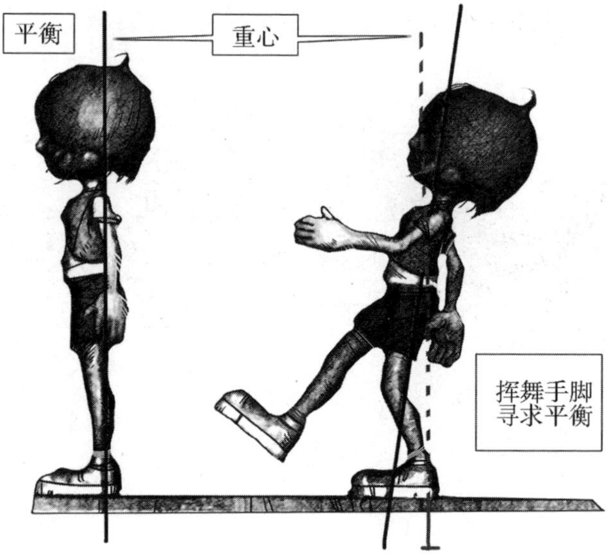

16　重力对生命的重要性

地球上的所有物体都要受到重力的作用。当宇航员待在空间站时，由于在太空中没有受到重力，宇航员的肌肉会萎缩，骨质会疏松。他们每次回到地面都要由地面人员把他们抬出航天器，有的不能站立和行走，有的稍有不慎还会发生骨折。苏联一名宇航员返回地球时，竟无力拿起一束鲜花。由此可见，太空失重环境对人或其他生命的成长是不利的。地球对人和生物的重力对生命的存续和发展来说是至关重要的。

17 地球自转对铁轨的影响

由于地球自西向东地自转，在地球上不同的地方自转的周期、角速度是相同的，但地球表面上不同位置的速度是不同的，同纬度的地点相比，地势越高，速度越大。由于地球自转，地球表面上物体的运动要受到一个使运动方向发生偏转的力的作用，这个力只改变物体运动速度的方向，使运动方向向一侧偏转，不改变速度的大小。偏转的规律是面向物体运动方向，南半球向左偏，北半球向右偏。在赤道上运动的物体，以及静止的物体，不偏向；随纬度和速度的增高，偏转现象愈加明显。所以北半球右侧铁轨的磨损比左侧要严重，南半球是左侧铁轨的磨损比右侧严重。同理，北半球河流流向右侧的水深比左侧要深，就是因为这个偏向力使得河水对河流右岸冲刷比左岸要大，南半球河流流向左侧的水深比右侧深。另外，地球自转的偏向力对海洋洋流、卫星的发射也有影响。

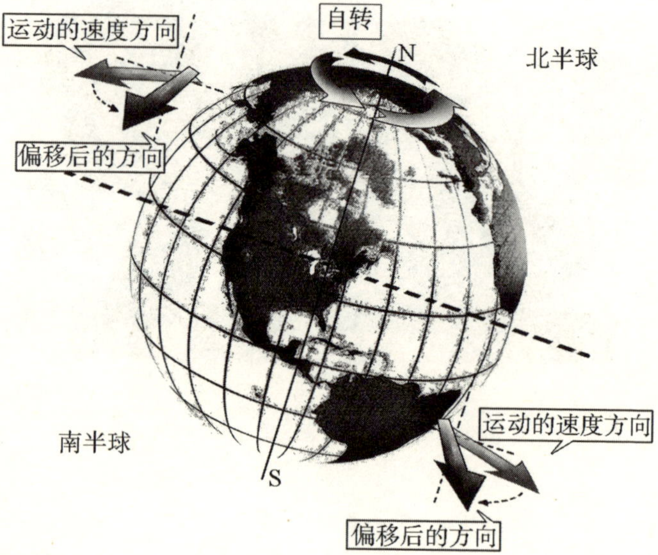

18 击拳要扭腰

职业拳击手的出拳过程是，通过蹬地产生的力量驱使腰转动，使上半身获得扭转的加速度和速度，肩膀将手臂甩出去，使拳头获得加速度和速度，拳头再与目标发生碰撞，从而产生碰撞力。没有练过拳击的人，出拳是手臂发力，使用的是手臂的力量，所以形成的动量较小。而职业拳击手要通过旋转上半身再出拳，使用的是全身的力量。这也就是为什么拳击比赛是按照体重划分等级的原因。古语有言："胳膊拧不过大腿。""胳膊不如腿粗，腿不如腰粗。"灵活使用全身的力量击倒对方是制胜的关键，也是摆脱不利情况的方法。

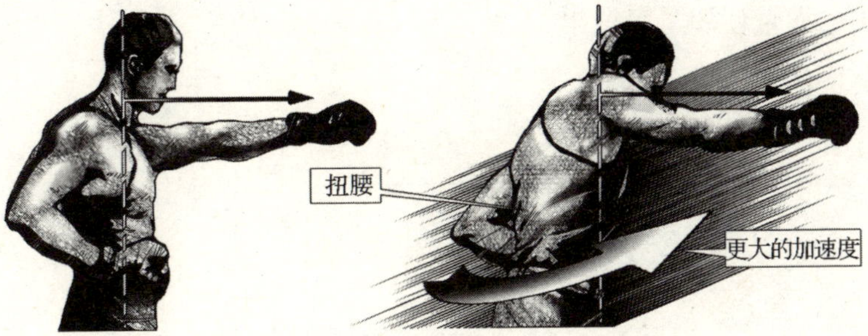

19 滑轮

最早的滑轮可能要追溯到史前时代，早就有人发现可以把绳子搭在水平的树枝上来举起重物。滑轮是由一种由绕着轮轴旋转的圆盘所组成的机械。当我们在拉举较重的物体时，可以借由绕过圆轮的绳子，以滑轮来改变施力的方向，也可以让移动重物变得更容易，因为它可以减少需要施加的力量。古希腊历史上的阿基米德就是借由多个滑轮组成的复合滑轮才轻松地拉动了古罗马的战船。利用滑轮只是让我们使用较小的拉力拉动较长的距离，过程中所做的功（作用力与距离的乘积）并没有减少。古代帆船上使用了大量的滑轮组，因为在海上找不到其他机械动力的辅助。现代工程技术中的起重机也使用了大量的滑轮组。军舰、直升机等军事装备在执行补给、运输等任务时也大量使用了滑轮组。

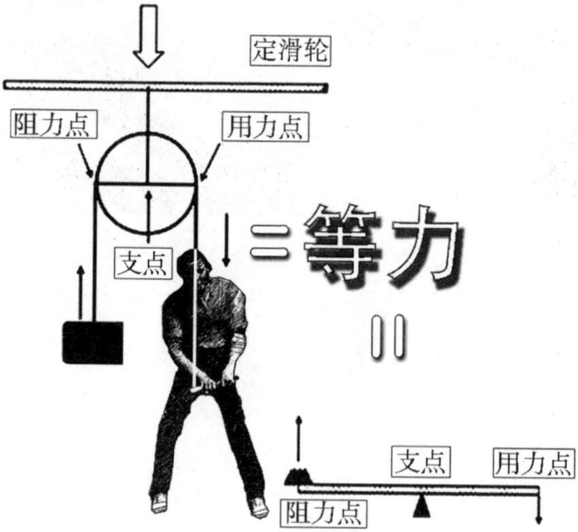

20 齿轮

齿轮在科技史上扮演了重要的角色，制作陶器所使用的转轮是最早的机械装置之一，其中使用的原始齿轮可能已经存在了几千年之久。齿轮的主要特征就是具有啮合力，几个齿轮互相啮合在一起，可以增加扭矩，有效地改变施力的速度与方向。两个齿轮啮合时，其转速比等于其齿数比的倒数。因此，小齿轮转得比大齿轮快。但扭矩比就是齿数比，大齿轮的扭矩较大。即高扭矩意味着低转速。齿轮组的变速特性在古代多应用于以马匹或水力推动的纺织机、抽水机等。如今齿轮在碾磨机、时钟、汽车、自行车、洗衣机、钻孔机以及坦克、装甲车等方面有着非常广泛的应用。

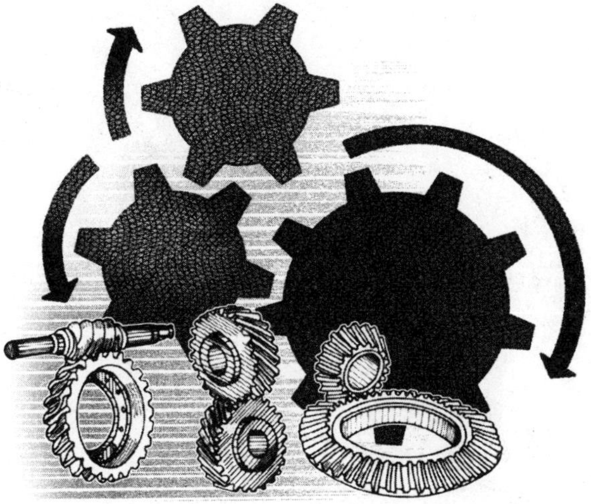

21　帆船逆风航行

帆船自身是没有动力的，要靠风力鼓动船上的帆布才能航行。从帆船的结构来看，帆通常做得很宽大，从而能充分利用风力。帆船顺风航行时速度非常快，古代优秀的海战将领都会想尽办法抢占上风口。可是遇到逆风时，船帆是可以改变角度的：常常侧转船身，使帆与船身成一定的角度，帆的一面鼓满风，另一面所受的压力减小，船体就利用这种压力差前进。不过，船的行进方向与目的地方向有一定偏差，故此，帆船航行一段时间后，需要通过调整帆的方向，来改变船的航行方向。由此帆船在逆风中航行就不能走直线，大致呈“之”字形前进。

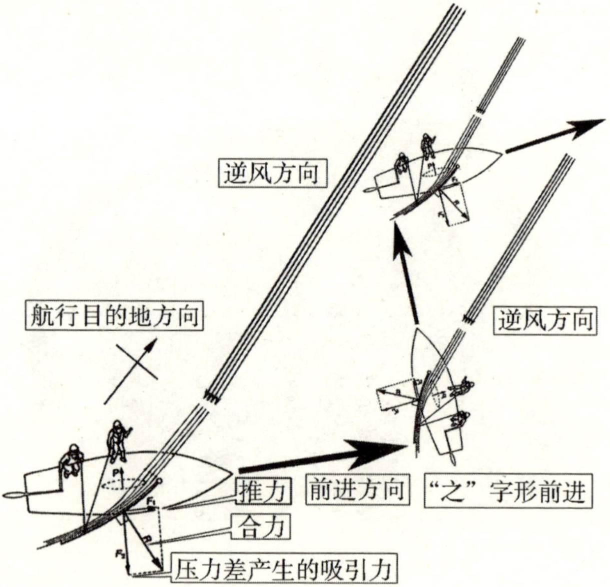

22　直升机的两个螺旋桨

直升机是所有飞机中最机动灵活的。在技能高超的驾驶员手里，直升机可以飞得很慢，可以很轻易地改变飞行方向，甚至能直接悬停在高空保持静止不动。这样，直升机就可以在战区附近狭窄的区域快速地降落和起飞，有的时候根本不需要降落在地面上。有些军用直升机十分庞大，甚至可以搭载装甲车或者步兵战车。仔细观察各种直升机，我们会发现它们都有两个螺旋桨。直升机在空中飞行，其头顶上的大螺旋桨不停地旋转；当直升机在半空中悬停时，大螺旋桨还在不停旋转，提供了直升机飞行时的升力，而这个升力大小正好等于直升机受到的重力，而方向却与重力相反，于是直升机就能停在半空中。直升机的螺旋桨还能前后左右倾斜，向前倾斜就会产生一个向前的推力，于是直升机就能向前飞行；同理也可以向后、向左、向右倾斜，从而向后、向左、向右飞行。直升机机尾处有一个小螺旋桨，可以产生和主螺旋桨方向相反的动力，从而有效地防止直升机机身的旋转；尾桨的作用还类似于船舵，能够使直升机向左或向右转弯。

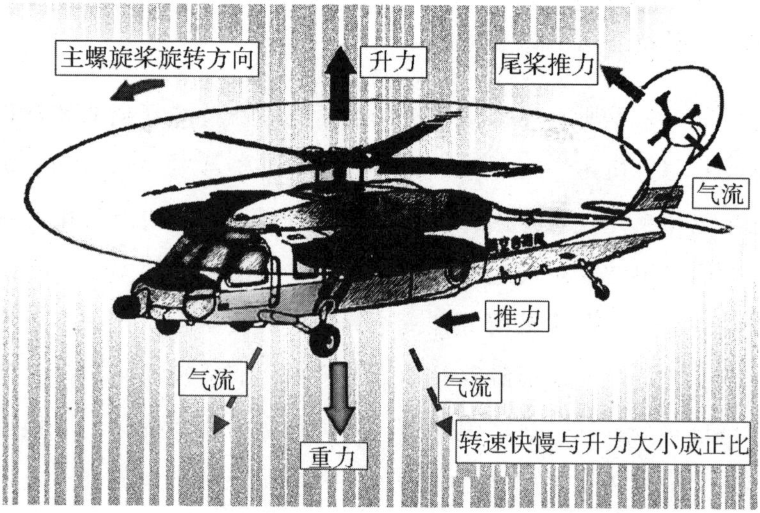

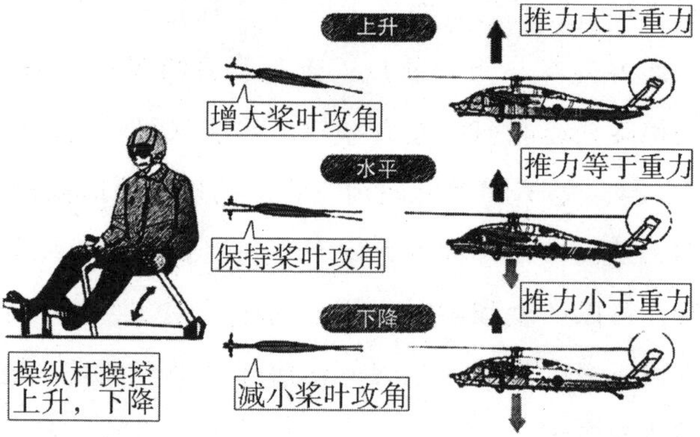

23　潮汐助力环境治理

苏州河由西向东横穿上海市区，最后汇入黄浦江。由于经济的发展和城市人口的增加，苏州河污染严重。科学家调查发现，利用潮汐来清除和运输苏州河河底污染泥沙是一个好办法。在苏州河入黄浦江江口筑起一个可开关的闸坝，和一般挡潮闸坝的运行方式恰好相反，潮来时打开大坝让潮水灌满苏州河，之后关闭闸门，等到潮位落到最低时再迅速打开闸门，使苏州河的水借着潮位落差迅速地流向长江口，借助这湍急的水流就能将苏州河河底的淤泥带到长江入海口。

24 火车在钢轨上行驶

当我们拉着行李箱在平坦的路面上行走时，会感觉很轻松，可是一到崎岖不平的小路上时，就会感觉吃力一些，这都是因为滚动摩擦的原因。因此，减小滚动摩擦阻力是提高运输效率的关键。在平滑的钢轨上行驶，不仅使火车节省了大量动力，也极大地提高了运输效率。同时火车的车身质量很大，如果让火车直接行驶在石子路或水泥路上，就会使路面产生下陷。而用了钢轨和枕木，使沉重的火车对地基的压强大大降低了。由于火车的运力强大，我们的国防建设要加强铁路等基础设施建设。

25 战车的轮胎

普通车辆大多在路况良好的城市街道、高速路上行驶，而部队的车辆常常行驶在复杂多样的地理环境中，轮胎往往比较宽大。相同重量的物体作用在物体上，作用面积越大，压强越小，即单位面积所受的压力就比较小。为了能够穿越沙地、浅滩、溪流、沼泽地等路况比较复杂的地区，部队车辆的轮胎常常比一般的车辆要宽大一些。同时，轮胎有各种凹凸不平的花纹，是用来增大车轮与地面间的摩擦力，防止车轮在路面上打滑。现在的轮胎花纹分为通用、越野性和联合式三大类。我国地形复杂，路面质量复杂多样，采用联合式花纹比较合适、高效。坦克要使用履带，其原理也是这样的。

26　飞鸟威胁飞机飞行

飞机失事的事故中常有飞鸟的因素。这是因为现在的民航飞机和战斗机大多是喷气式飞机，飞行速度都很快，如果飞鸟与飞机外壳发生直接碰撞，碰撞具有很高的动能，如果飞机外壳不能承受这种高速碰撞，外壳就会破裂，从而造成损失。曾经有一只燕子撞上了一架正以 600 千米/小时的速度飞行的歼击机，结果这只飞燕破窗而入，把飞行员撞晕过去而酿成事故。飞鸟还有可能进入喷气式飞机的发动机而造成事故。喷气式飞机发动机要从周围吸入大量的空气才能运转，这种发动机的进气口通常都开得很大，在空中飞行时，像张着血盆大口，贪婪地将迎面的气流全部吞入，如果飞鸟正好在它的附近飞行，就会由于气流的原因跟空气一起被吸进发动机里。而且喷气式发动机的内部结构十分精密，飞鸟进去后，常常会严重地影响发动机的工作，甚至使发动机停止工作，从而造成事故。

27　陀螺仪和惯性导航

在茫茫大海上航行的舰船，在广阔天空中飞行的飞机，还有无人驾驶的导弹等，它们如何确定航行方向？飞机、导弹在天空中飞行时会受到风力的影响，舰船在海上航行的时候会受到风力、洋流等外界因素的影响，航向会发生变化，如果不经常测定和修正航向，它们都不能顺利地抵达目的地。导航的任务最早是依靠咱们中国人发明的以指南针为核心的磁罗盘来完成的。到了19世纪，钢质船壳出现后，指南针的定向作用受到严重干扰，人们把目光投向具有定位作用的陀螺。陀螺是一个边缘重并能绕自身对称轴做高速转动的物体，垂直旋转的陀螺甚至倾斜旋转的陀螺会出人意料地不倒。这种现象在本质上与惯性有直接的关系。陀螺上面的每一个点，都在一个与自己的转轴垂直的平面上沿着圆周转动。根据惯性，每一个点随时都竭力想使自己沿着圆周的一条切线离开圆周。但是所有的切线都和圆周在同一个平面上，所以每一个点都在与旋转轴垂直的那个平面上运动。由此可以看出，陀螺上面所有和旋转轴垂直的那些平面，都努力地保持着自己在空间中的位置，所以与它垂直的所有平面，即转轴本身也在保持自己的方向。直到第一次世界大战，美国海军首次制成了舰用陀螺导航仪，到1940年陀螺罗盘完全取代了以指南针为核心的磁罗盘。陀螺罗盘成为惯性导航系统的先导。惯性导航系统安装在舰船、飞机、人造卫星、宇宙飞船上，工作时不依靠外界信息，也不向外辐射能量，不易受到干扰。如今，旋转物体的这种特性广泛应用于现代技术中。看似小小陀螺，但其用途不可估量。

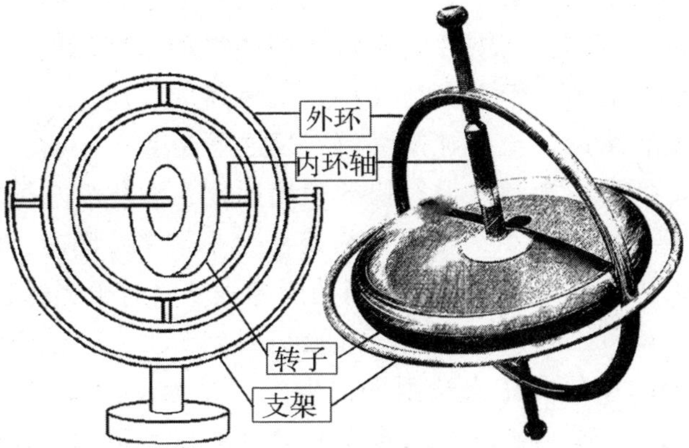

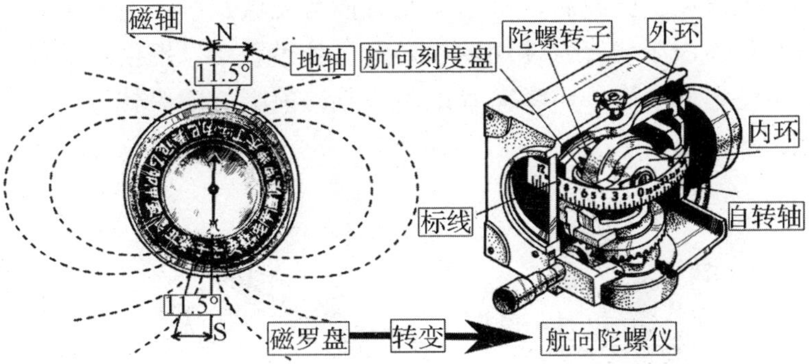

28　高压水枪

我们常看到消防车上的水枪能喷出高速水柱，而且这个水柱是射向天空的。其中含有非常实用的物理原理，当一定量的流体经过管道时，管道直径大小与流体速度成反比，也就是说当管道直径大时，流体速度就慢；反之管道直径小时，流体速度就快。所以，为了取得较快的喷出速度，消防喷水枪的出口直径都设计得比较小，比水管的直径要小很多。同时，消防水枪喷出的高速水流速度越快，则动能越大，具有很强的破坏性。开采煤矿就可以通过使用高压水枪喷射到矿层上，把煤块切割出来。消防车的高压水枪射向高空，一是为了避免水流直射，增加安全；二是高处落下的水具有更大的覆盖范围，就可以尽可能多地浇灭火源。水流射到高空，一开始的初始速度越快，达到的高度也就越高。再比如亚马孙河流域及中南美洲热带雨林地区美洲原住民常使用的吹箭筒，管道很小，把很细的箭头放入管道的前端，用嘴向管道中吹气，前端的箭头就可以飞出很远的距离。

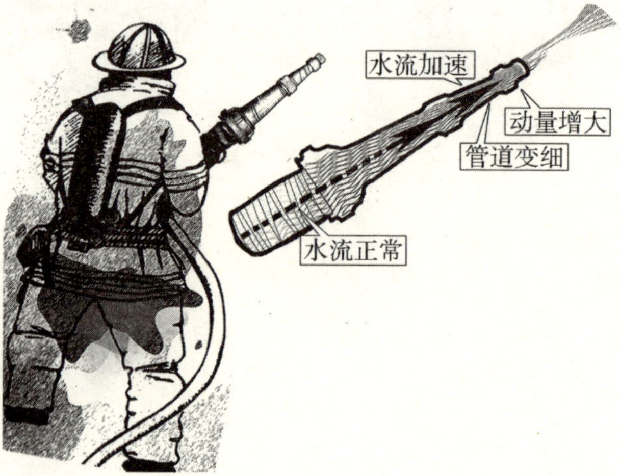

29 投石机

投石机是一种使用简单的物理原理来造成严重伤害的可怕武器，其构造原理有些类似跷跷板。投石机一端装有实弹的吊索杆很长，另一端装有重物，杆较短。它利用杠杆原理和吊索的离心力，抛射石弹击毁城墙。早期的投石机是以人力拉动绳状扳机来投射，也称作牵引式投石机，出现于公元前 4 世纪的中国和古希腊。后来重力投石机以重物取代人力，当重物端落下时，吊索被甩到垂直的位置上，然后把石弹抛向目标，这种投石机投射的速度更快，距离更远，其威力远大于不含吊索的牵引式投石机。这种投石机使用的重物，其重量远大于所要投射的石弹，就像让一只大象落在跷跷板的一端，然后很快就可以把能量传送到跷跷板的另一端的砖块上。中西方的战争史上，很多军队都曾经多次使用过投石机。物理学家曾针对投石机的力学进行研究，其构造看起来简单，但其运动规律要描述起来却是一件不容易的事情。

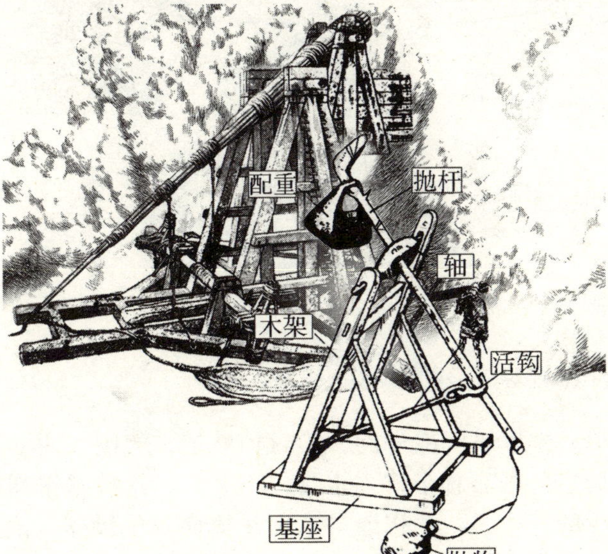

30　风洞

飞机靠浮力是不能停留在空中的，它靠的是具有一定速度后由空气动力产生的升力；同时又必然受到空气阻力的作用。作为交通工具，人们总是希望飞机受到的升力大阻力小还安全可靠，如何做到这一点就要靠空气动力学来回答。由于飞机的外形很复杂，很难可靠地计算出飞机所受的力，也不能造一个飞机在天上飞，然后去测量飞机所受的力。因为在没有可靠设计的情况下，飞机多半会发生事故，那损失就太大了。最好的办法就是让飞机在地面上处于静止状态，但是让空气流动，如果气流和飞机的相对速度和飞机飞的时候一样，则受力状态也是一样。风洞就是用来产生所需气流的设备。在此基础上发展出了一整套的做实验的理论和方法。

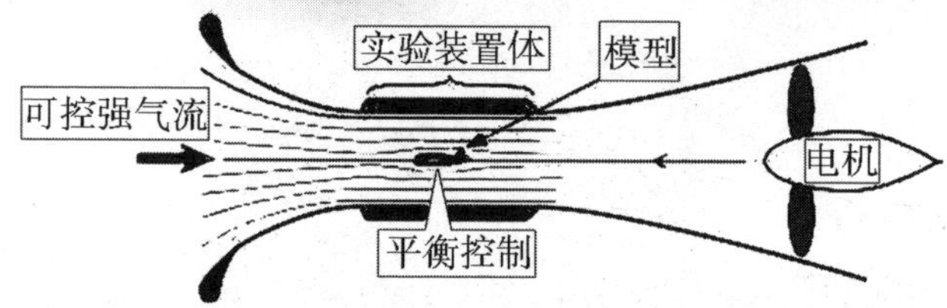

31　海洋洋流对战争的影响

在第一次世界大战期间，为封锁航道，德国在西欧诸协约国海港周边秘密布置了许多水雷，不久后，这些水雷却出现在人烟稀少的北冰洋，并相继与冰山碰撞而发生爆炸。德国人苦苦思索是什么帮助协约国船只逃过此劫，答案却是海洋洋流。

由于地球是近似球形的，地球在自转过程中，地球上所有的物体都会围绕地球的自转轴做圆周运动，任何物体在随地球转动的过程中都要受到科里奥利力的作用。大气、海洋中的海水也必然受到科里奥利力，大气受到科里奥利力，形成了风，海水往往沿一定的方向有规律地顺着地球上的恒定风带进行大规模地流动。风是形成洋流的主要原因，海水温度、盐度等的差异也会引起海水流动现象。比较著名的密度流位于直布罗陀海峡。直布罗陀海峡位于地中海和大西洋之间，地中海这一边由于海水蒸发量较大，水中盐度相对较高，与大西洋的情况刚好相反，则大西洋表层海水会经过直布罗陀海峡进入地中海，而在大洋底层，海水却是从地中海流入大西洋。在第二次世界大战时，德国海军潜艇部队正是利用这一规律，在进入海峡后立即关闭发动机引擎，从而避过敌对国的监听，借助洋流进入大西洋，从背后对敌对国战舰进行攻击。

32 摩托车骑手的转弯

我国国宾护卫队的摩托车骑手的骑术高超，其整齐划一的步调让世人惊叹。通过仔细观察我们发现，他们在驶过弯道时会调节自己身体的重心，使其尽量偏向弯道里侧。这是为了避免离心力的影响。当摩托车经过弯道时，骑手会受到一个离心力的作用，如果这个离心力大于此刻地面和空气的摩擦阻力会导致摩托车飞离弯道，发生意外。因此护卫队战士通常会将身体偏向弯道内侧，通过减小弯道半径的途径来增加向心力，最终降低离心力的不利影响。另外，国防上研制核武器所使用的分离放射性元素的大型离心机也利用了离心力的原理。铁路的弯道也设计成外轨比内轨略高；高速公路的外侧也比内侧略高。

33 重心

不倒翁玩偶是人们熟悉的一种儿童玩具。其原理是上轻下重的物体比较稳定，也就是重心越低越稳定，不倒翁不会倒下的奥秘也在于此。不倒翁玩偶内部质量分布不均匀，其下端较重，底部不能是平面，必须设计成圆弧结构。当不倒翁在竖立状态时，处于平衡状态，其重心和接触点的距离最小，重心最低；一旦发生倾斜，重心偏离了平衡位置，重心就会升高，就会使不倒翁产生恢复竖立状态的恢复力矩。由于底部是圆弧状的，在此恢复力矩的作用下，不倒翁便会以连续稳定的运动方式回到竖立状态。因此，无论如何摇摆，不倒翁却总是不倒。不倒的原因在于重心的分布。轮船在海上装卸货物、武器，运输机在装入、卸下货物时都需要考虑重心的合理分布。轮船在设计建造时，总是根据其载重设计结构，保证满载时其重心的合理位置。轮船在卸载货物后重心上移，就降低了轮船的稳定性，增加了航行中倾覆的危险。所以，轮船常在卸货港口泵入大量海水以降低轮船重心稳定船体，在装货港口再将海水排除。运输机在装载货物时都有专门的人员按照标准程序按质量安排货物的位置，使飞机的重心保持在一定的范围内，才能保证飞机在飞行时保持平稳。大型塔吊，无论其吊起的物体重量是多少，在它的长长的吊臂后端，都会安装几块巨大的混凝土块，也是为了改变吊臂的重心位置而必须加的配重。

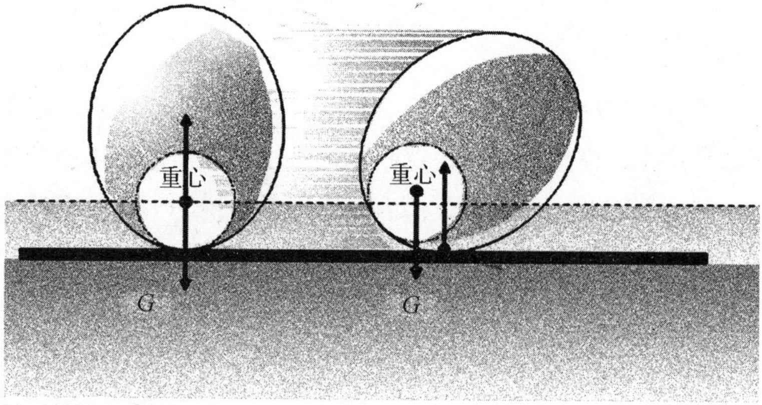

34 角动量守恒

我们在观看体育表演时经常会发现，跳水运动员在起跳的时候总是尽力把身体蜷曲起来，尽量把四肢及头部收缩到胸前成球形，而且转速很快，然后快到水面时，四肢伸开钻入水中。这是因为运动员在空中角动量守恒，如果要完成高难度的跳水动作，就必须收缩身体，减小自身转动惯量，以提高旋转角速度来实现高难度的动作；在落水前打开身体，通过增加自身的转动惯量来刹住旋转。同理，跳马比赛中，运动员也会在起跳的时候收缩双臂减小转动惯量，即将落地时打开双臂，增加转动惯量刹住人体的转动，从而才有助于平稳着地。运动员在做单杠练习的时候，在上杠以及杠上转动时都会尽力收缩四肢，即将落地的时候打开双臂，增加落地的稳定性。滑冰表演时，运动员在冰上旋转，手臂和腿伸展开来时转得比较慢，而当他把手臂和腿收回来接近身体时则转得比较快。可见，体育运动过程中，虽然很多体育运动项目的运动形式不一样，但其物理原理有共同的特点。

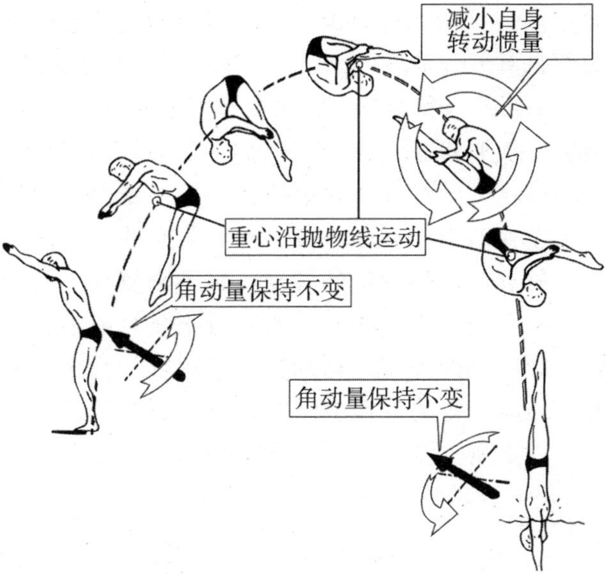

35　回旋镖

讲到回旋镖，大家首先想到的是一种常见的玩具。在大多数人脑海中的造型都是 V 字形的，如果投掷出去的方法正确，回旋镖能够在空中飞出漂亮的圆形轨迹并且回到最初的起点。回旋镖又叫飞去来器、回旋器。其实，回旋镖的历史可以追溯到两万年前的狩猎回力棒。回旋镖可能是从不会飞回来的回力镖演变来的。回旋镖如何能够完成如此奇妙的飞行，又是如何实现回到原点的呢？首先，回旋镖主要是以两块翼片连接在一起的单一香蕉形装置，也有的有三个或更多的翼片。其翼片具有特殊的形状，其一面较为凸起，一面较为平坦。流经回旋镖两翼上下表面的空气速度不同，下表面的空气流速低于上表面，这一特点与机翼类似。投掷出去以后，回旋镖会获得向前的初速度，还同时具有以两翼连接点为中心的自旋，旋转就具有进动性，和陀螺一样，在受到外力矩的作用下，能够产生与这个力矩方向垂直的进动旋转力矩。这样回旋镖就不会倾倒，还会在进动力矩的作用下向左或向右转向，一旦回旋镖发生转向，就会引发连锁反应，翼面升力的水平分力方向也随之发生转向，而不断转向的水平分力恰好为回旋镖的圆周运动提供了向心力。因此，回旋镖就可以在进动力矩的作用下不断地发生转向，同时完成一个完美的闭合圆形路线。相似的原理在现代枪械中也有应用，如枪管内的螺旋形的膛线，称为来复线。当子弹在火药气体的作用下嵌入来复线时，便沿着来复线向前运动，同时开始旋转，旋转的弹头与陀螺相似，子弹轴相当于陀螺轴，弹头离开枪口向前飞行的过程中同时还伴随有自转，从而能够克服空气阻力，不断向前飞去，保证弹头稳定地向前飞行。

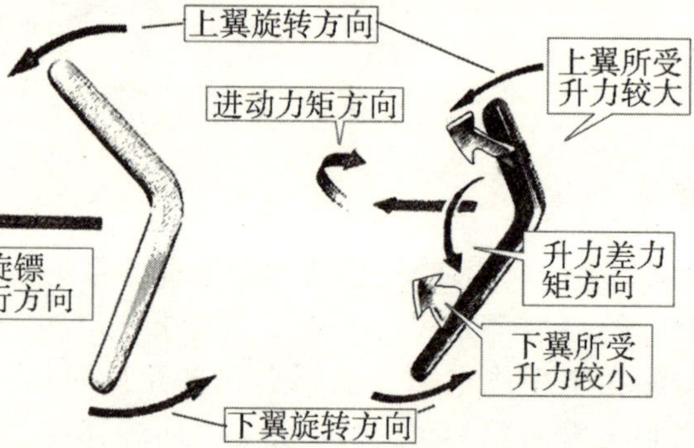

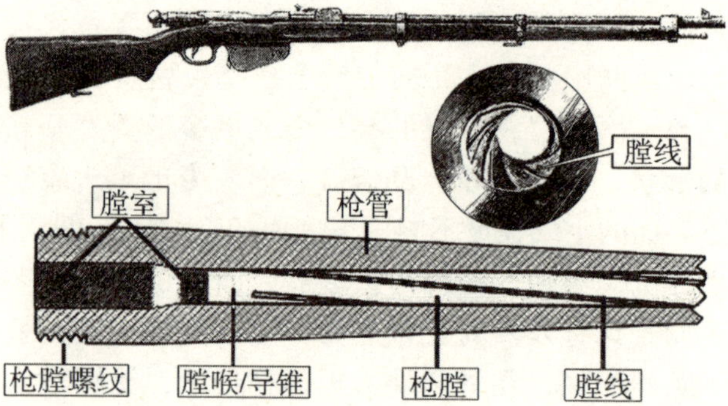

36 三伏天中午减少户外活动

正午 12 时是一天中太阳离地面最近的时刻，但是却不是一天中最热的时候。因为空气中的温度主要是间接从地面反射而来的。太阳光照射到地球表面，空气会散射掉很多，能够直接被吸收的太阳光热能只有 14% 左右，被地面吸收的热能却可以达到 43%，地面把吸收的热量再放出去烘热空气，而这个烘烤的过程是需要时间的。正午地面和空气受热最强，但此时地面放出的热量却少于它所接收的太阳热量，所以这时并不是最热的时候。正午以后，地面温度继续升高，直到地面放出的热量等于它所接收到的太阳热量时，地面温度才能达到最高，此时一般是下午 2 点前后。所以，一天中最热的时候是午后 2 点前后，而不是正午。在夏天，特别是三伏天的季节，最热时的温度可以超过 40℃，最热的季节正午要尽量减少户外运动，合理安排工作、训练时间。

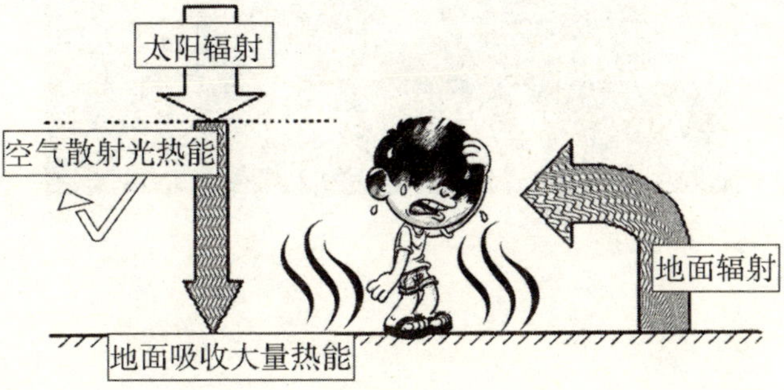

37　白露勿露身

在进行有组织训练时要考虑季节的变化。古语有云："处暑十八盆，白露勿露身。"即处暑时节天气仍然炎热，每天须用一盆水洗澡，过了十八天，到了白露，就不要赤膊露体了，以免着凉。二十四节气中，白露有着气温迅速下降、绵雨开始、日照骤减的明显特点，深刻反映出夏到秋的季节转换。白露期间的平均气温比处暑期间要低 3 ~ 5℃，大部分地区平均气温会低于 22℃。白露节气是真正凉爽季节的开始，训练时要注意尽量不要裸露太多身体部位，可以尽量穿着长衣长裤进行训练。要注意避免季节性的易发病的发生。

38　沙漠易出现幻雨

在沙漠地区，当人们在烈日下干渴难忍的时候，沙漠上空乌云堆积，好像马上要下雨了。然而雨滴还未降落到地面就在半空中消失了，让人们空欢喜一场。这种可望而不可即的雨叫作“幻雨”，也就“空中雨”。仔细分析原因，沙漠地区降水量稀少，蒸发量大，使得沙漠地区低空极度酷热、干燥，沙漠上空形成的雨滴还没有降落到地面就在半空中蒸发掉了，从而形成了人们常说的幻雨。

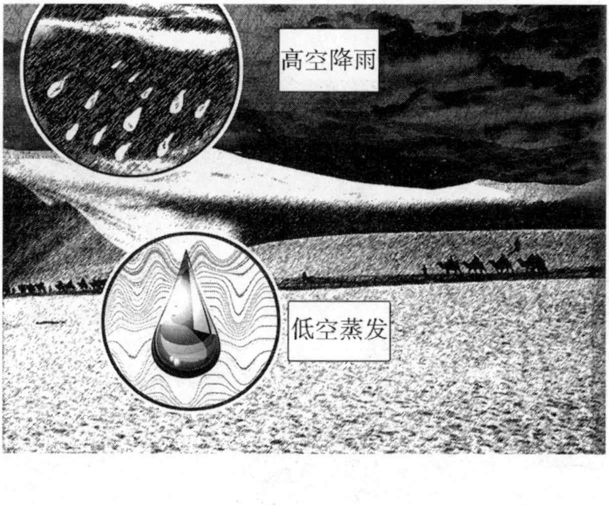

39　珠穆朗玛峰常年积雪

珠穆朗玛峰是我们国家海拔最高的山峰，其主峰海拔 8848.86 米，山上终年积雪。这主要是因为珠穆朗玛峰海拔高、空气稀薄，所以气温低。因为在地球底层空气中含有大量的二氧化碳、水汽等容易吸收热量的物质，同时 14% 的热能会被空气散射掉，43% 的热能到达地面，地面再反射回空气中。海拔低，则空气比较稠密，吸收热量的物质多，则保温作用就好，温度就高；高海拔地区，由于空气比较稀薄，吸收热量的物质少，空气保温作用比较低，温度自然就低。高海拔地区的训练科目应当注意当地自然条件的变化。

40　一个小洞导致的灾难

2003 年 2 月 1 日，载有宇航员的美国“哥伦比亚”号航天飞机结束了太空任务之后返回地球，但在着陆前发生了意外，航天飞机解体坠毁。据美国宇航局调查，“哥伦比亚”号失事原因是：外挂燃料箱隔热泡沫脱落，这个泡沫只重 0.77 千克，在航天飞机左翼隔热瓦上砸了个小洞。航天飞机在降落时，与大气层摩擦所产生的巨大热量透过这个洞进入航天飞机内部，从而引起了航天飞机解体。因为航天飞机在返回地球时，由于地球引力的作用，速度很快，几乎是高超声速。当物体运动速度是超声速时，会形成激波，当激波的速度是声音传播速度的四倍或者五倍，温度能超过 1800℃，很容易让航天飞机的内部金属结构受到破坏从而引起解体。这真的是小问题引起了大麻烦。

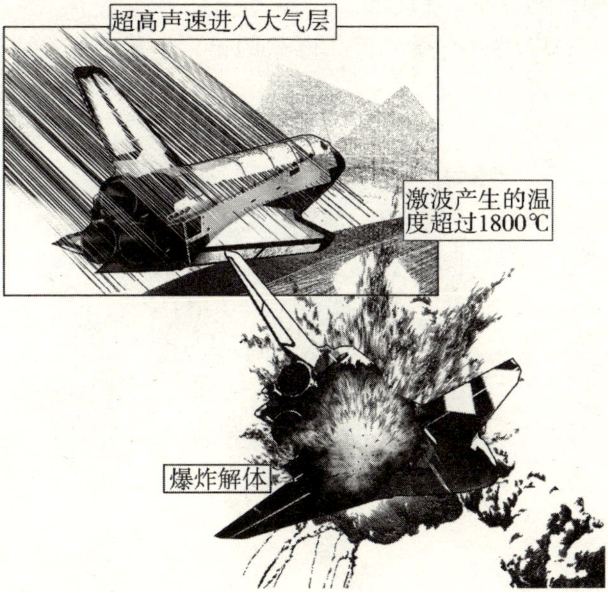

41　火炮

火炮是战争之王，其主要原理是火药在炮膛里剧烈燃烧，产生大量炙热的气体，给炮弹巨大的推力，炮弹从而获得比较大的出膛速度，飞向远处，进而打击远处的目标。火炮曾经深度影响着战争的进程。最早在战争中使用火炮的记载是公元1132年（宋绍兴二年）韩世忠攻打建州城一战。火炮在对付士兵与攻击碉堡时变得更具威力。加农炮的出现更改变了海战的样貌。在美国南北战争期间，榴弹炮的射程可以达到1.8千米。第一次世界大战时，大多数士兵的伤亡都是火炮造成的。为了提高打击的精确度，炮手和研究自然哲学的哲学家都想知道：使用什么样的火药配方能够射击更加沉重的炮弹？当炮弹离开了炮管以后，接下来会如何？怎样提高火炮的打击精度？欧洲的科学家花了近四百年的时间，在建立了全新的科学领域后才找到了确切的答案。归根结底，火炮为科学家提供了一个研究真实现象的焦点，推翻了长久以来的错误，推进了欧洲资本主义革命的进程。

42　雾霾

体育训练的组织者，必须对气象条件有足够的重视。如果雾霾严重，就应当减少室外训练。对于雾霾，首先要了解雾，形成雾有两个基本条件：一是靠近地表面的空气中水汽很足，气温遇冷时能达到饱和状态；二是夜间无风或者风力很微弱，大气层结构稳定，并有充足的悬浮物作为凝结核而存在。雾形成时，越靠近地面温度越低，越往上温度越高。这种现象与正常天气恰好相反。有雾时，大气很稳定，对流作用减弱，空气中水汽、尘埃和其他污染物只能滞留在靠近地面附近，不容易扩散，当雾滴消散后，污染物便全部进入空气中，严重污染大气。当悬浮的颗粒物比较大时，就形成了众所周知的雾霾。有雾霾的天气，大家可以体会到基本上是没有风的。在这样的环境进行体育锻炼，人体会吸收颗粒悬浮物，让人引起咽喉或肺部不适，这样并没有达到锻炼效果，反而对身体有害。

43　燕子低飞蛇过道，大雨就快来到

俗语有云：“燕子低飞了，快下雨了。”地球上的各种生物，时刻都会受到气候变化的影响。为了生存和繁衍，在进化过程中逐渐形成了对地质气候条件变化的特殊感受功能，能够感知天气变化，感知地震。动物的生存习惯蕴含着丰富的物理学原理。燕子是以各种小昆虫为食物的，下雨前，空气中水汽含量较多，昆虫的翅膀被沾湿，不能高飞，只能在低空飞行，就连土中的小昆虫也爬出来透气，燕子则会集中在低空飞行，或紧贴地面急速滑行，因为这是燕子等鸟类捕食小昆虫的绝佳机会。在我国南方，天气变化前，气压较低，空气湿度大，蛇在洞里待不住，就会从洞中爬出来，横在马路上晒鳞。人们就说：“蛇过道了，要下雨了。”

44 次声武器

频率低于20赫兹的机械纵波称为次声波，它广泛存在于自然界中，次声波是人耳听不到的。人体各部位都存在细微而有节奏的脉动。这种振动频率一般为2～20赫兹，武器发明家根据次声波与人体的这个特征发明了次声武器，其核心思想就是利用次声波与人体发生共振，使共振的器官或部位发生位移和变形而造成人体损伤以致死亡。以次声波作用的部位分类，次声波武器大体可以分为两类。一种是“神经型”次声武器。次声频率和人脑阿尔法节律（8～12赫兹）很接近，当次声波作用于人体时便要刺激人的大脑，引起共振，对人的心理和意识产生一定影响：被攻击时轻者感觉不适，注意力下降，情绪不安，导致头晕、恶心；严重时使人神经错乱，癫狂不已，休克昏厥，丧失思维能力。另一种是“器官型”次声武器。当次声波频率和人体内脏器官的固有频率（4～18赫兹）相近时，会引起人的五脏六腑产生强烈共振，轻者肌肉痉挛，全身颤抖，呼吸困难，重者血管破裂，内脏损伤，甚至迅速死亡。1986年，法国马赛近郊的一个家庭20口人正在吃饭，突然在几十秒钟内全部神秘死亡，与此同时邻近的正在田间劳作的另一个家庭10口人也突然全部神秘死亡。验尸结果表明，这30个人全部死于脑血管严重破裂。造成这起人间惨剧的是16千米外法国国防部次声波研究所因技术故障引起的声波泄漏。

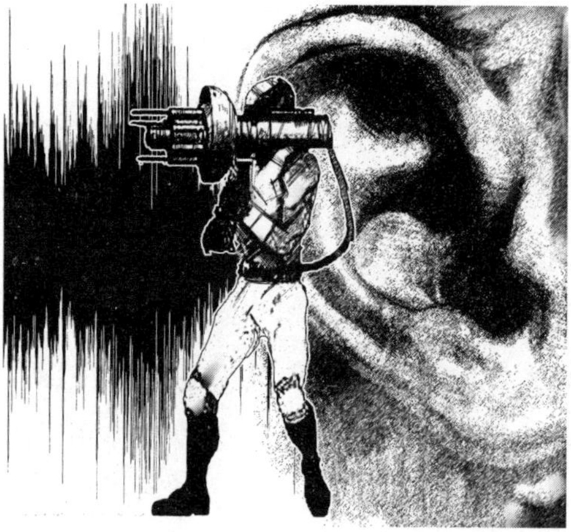

45 夜半钟声

在浩如烟海的古诗词中，很多诗人对半夜钟声题材写下了脍炙人口的千古绝唱。比如：“姑苏城外寒山寺，夜半钟声到客船”（张继），“遥听维山半夜钟”（于鹄），“新秋松影下，半夜钟声后”（白居易），等等。这些诗都描写了诗人的满怀愁绪，都是诗人对夜半（凌晨）人静时的钟声特别敏感。因为同样的声音在白天和夜晚传播的情况是不一样的。白天靠近地表的空气温度比较高，而夜晚地面附近比高空空气温度要低。白天高空的声音传播的速度比地面要慢，晚上则是地面的声音比高空的声音传播速度要慢。同时，空中的声音也会发生折射，传播线路不再是直线，而发生了弯曲向下转，这样声音可以传得更远。正是因为白天与夜晚近地面空气声音传播速度随高度变化相反，才产生了白天听钟声与夜间听钟声的不同感觉。在战场上，也就因为声音传播的特点，常有哑声区，虽然战场近在咫尺却听不到炮火的声音。

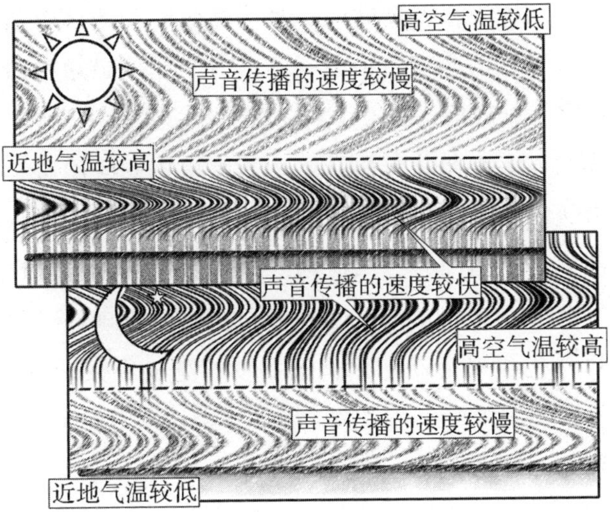

46　多普勒雷达

迎面驶过的火车经过你身旁时，你一定能够感受到火车头上的汽笛声的音调（一是指响度，二是指音调或声音的高低）变化。当火车接近时的汽笛音调一定比火车背离开时要高些。声音的音调是由频率来决定的。每一种声音都有其频率，频率是由产生声音的音源来决定的。比如每个人说话的声音音调不一样，是因为每个人的声带的振动频率不一样。火车鸣笛的声音频率是一定的，也就是说只有当车静止时发出的汽笛声的频率跟人静止时耳朵听到的声音频率是相同的；人静止时听到的火车运动时发出的汽笛声音频率是不同的；人运动时听到静止的火车发出的声音频率是不同的。这种因为产生声音的音源、接收装置、传播介质的运动而导致的声音频率的变化的物理现象是由物理学家多普勒发现的，所以这个现象也就同他的名字联系到一起，称为多普勒效应。多普勒效应不但可以从声音中感受到，也可以从光现象中观测到，因为光也是通过波来传播的。利用多普勒效应，天文学家发现天狼星以每秒 75 千米的速度远离我们。多普勒效应在军事上的最重要的应用就是研制了多普勒雷达，其最重要的工作原理就是，当雷达发射一固定频率的脉冲波对空扫描时，如遇到活动目标，回波的频率与发射波的频率会出现频率差，根据多普勒效应的原理，可测出目标对雷达的径向相对运动速度；根据发射脉冲和接收的时间差，可以测出目标的距离。利用多普勒雷达可以对高速移动的飞机、舰艇、导弹进行精确跟踪和测量。

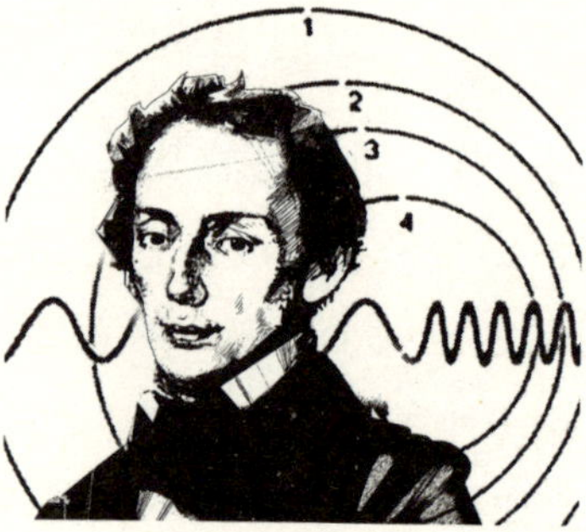

47　超声速

无论是爆竹的爆炸瞬间还是大炮的发射瞬间，都会产生一个密度很大的空气层，这个密度很大的空气层就像一个小山峰一样向前传播，我们把它叫作激波。类似的现象在生活中也可以找到，比如，一群人赛跑，最前边的人忽然停下来，但没有警告后面的人，结果是人们一个一个地碰在一起，这个密度大的人堆我们也可以叫激波。火药的爆炸和物体的高速运动都会产生激波，在激波面上，空气密度、温度、压强都是突然增加。当这个激波快速掠过我们身边的时候就会听到“啪、啪”的声音，激波太强还有可能引起耳膜的疼痛，严重的话可能会引起耳膜出血。战斗机常常以超声速飞行，速度高、声音大，产生的激波作用明显。为此，韩国和日本等国的美军军事基地附近的居民常常为美军战斗机的低空飞行而发起请愿活动。机场和航空母舰上的地勤人员常常需要戴上耳塞或者耳机，目的就是保护耳膜。

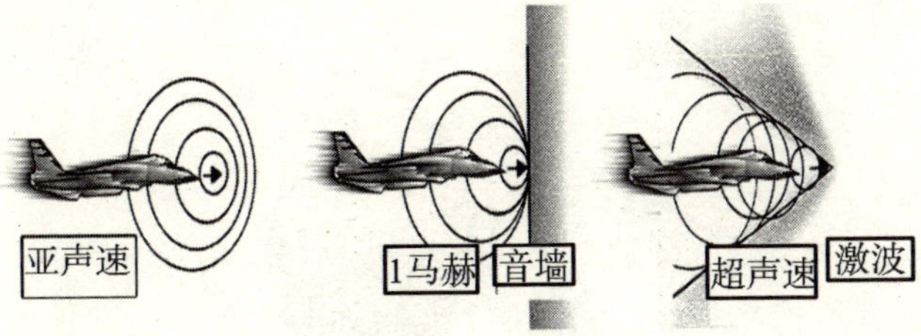

48　飞机发动机制约飞机飞行速度

为了使飞机稳定飞行，必须给飞机提供足够的推力。在螺旋桨推进飞机时，发动机将动力传输给螺旋桨，螺旋桨向后推动空气产生推力；但螺旋桨式飞机飞行速度不会太快，飞行高度也不会太高。在喷气式飞机中，发动机直接向后喷射高速气流，从而提供推力。目前，涡轮风扇式发动机在飞行速度小于或接近声速时，具有较好的效率，适用于民航飞机。现在世界各国都在花大力气研制高超声速飞机。飞机飞行的马赫数超过 2 时，涡轮风扇发动机的性能将会急剧下降；当飞机飞行马赫数超过 3 以后，涡轮风扇发动机会因为空气温度过高而无法继续工作。此时一般采用冲压喷气式发动机。能够适应未来高超声速飞机的是超声速燃烧冲压喷气发动机或者其他组合发动机，但是还有一些关键性的问题没有解决，所以说飞机发动机是影响飞机飞行速度的关键部件。

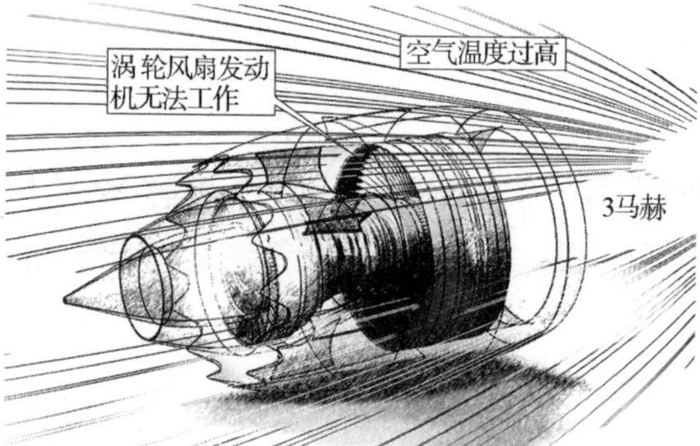

49　电闪雷鸣能估算距离

雷雨天，电闪雷鸣，我们总是先看到闪电，后听到雷声。因为闪电和雷鸣是在云层中同时产生的：闪电是光线，光的速度大约是 30 万千米/秒，在地面上可以瞬间就能看到；而雷声是声音，声音传播的速度大约是 340 米/秒（15℃的标准空气）。这样，闪电速度快，雷声速度慢，当然先看到闪电，后听到雷声。同时，我们可以记录下看到闪电和听到雷声之间的时间差，我们就可以用声音的速度 340 米/秒乘时间差，估算出雷电离我们的距离。

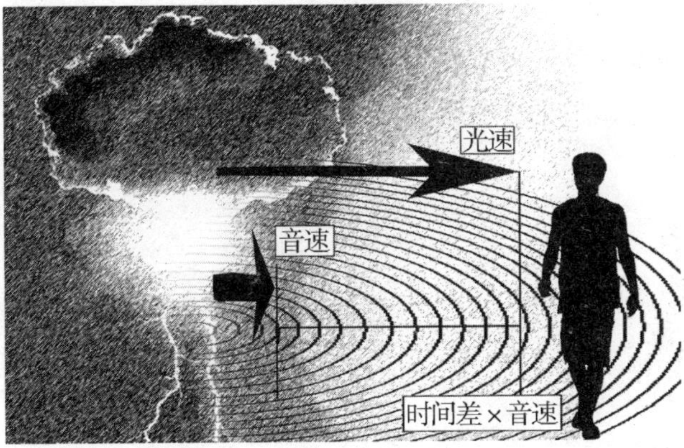

50　声音和枪弹

现在的步枪发射时传给子弹的速度，大约是950米/秒，几乎是声音在空气中传播速度（0°C时声音的传播速度大约为330米/秒）的三倍。当然声音传播时是均匀传播的，子弹飞行的速度却会越来越慢。但是在子弹飞行的路程中大部分路程的速度仍然比声音快，由此可以直接得出结论，如果在射击的时候，你听见了枪声或者是子弹的呼啸声，你不用惊慌，因为子弹已经绕过你飞向前边去了。子弹是赶在枪声前面的，所以如果子弹打中人的话，那么这人应该在枪声到达他的耳朵以前就已经中枪，即依靠耳朵听到子弹的声音来躲避子弹是来不及的。要保护自己，最好的办法是不让敌人的枪瞄准自己。

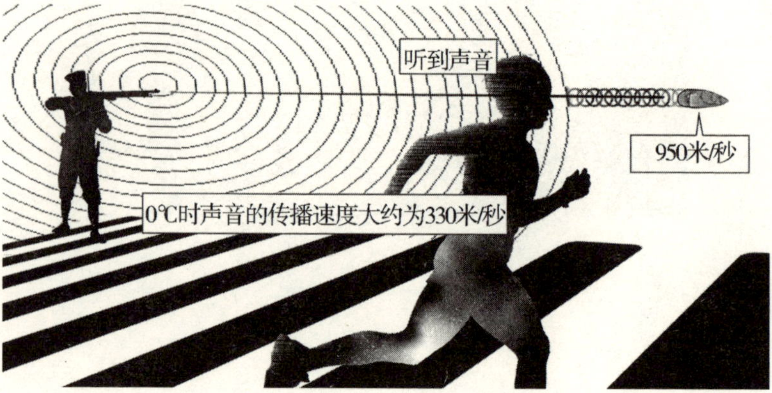

51　雷雨天要避雷

打雷下雨时，常有一些人会跑到树下躲雨。其实，这是非常危险的，因为大树底下的人最容易受到雷击。雷雨天时，空中的云层一般都带有很强的电荷，与地面有很大的电势差，大树是可以当成雷电接收器的，如果站在树下或者旁边，雨天树干是湿的，地面有水，就容易形成导体，这种电流很强，人体是无法承受的。同理，人如果站在高处，就会在云层和地面之间形成一个导体，同样会产生引雷通道，强大的电流可以击穿空气放电，许多电流也会通过人体造成伤害。由此可以看出，雷电比较“喜欢”袭击孤立高耸的物体，所以雷雨天一定不能躲在树下避雨，一定要尽快逃离高地。军队在雨季外出执行任务时一定要选好宿营地，尽量不要选在小山顶。

52 静电防护

根据物理学原理，物质都是由分子构成，分子是由原子构成，原子由带正电荷的质子和带负电荷的电子构成。当两个不同的物体相互接触时会有电子的得失，如果分离的过程中电荷难以中和，电荷就会积累使物体带有电荷。所以物体与其他物体接触后分离就会带有静电。在日常生活中，脱衣服产生的小火花就是一种静电。通常说的摩擦起电实质上也是一种接触分离起电。另一种常见的起电是感应起电，带电体接近但不接触不带电的导体也会在不带电的导体上的两端分别感应出正电荷和负电荷。静电现象非常广泛，生活中可以利用静电植绒、静电除尘、静电喷漆、静电分选。静电的危害也非常多，1967 年美军的一架运送伤员的飞机，在机场着陆前起火爆炸，就是因为当时有人脱去化纤毛衣引发火灾，随即引起飞机爆炸。所以，在国防军事领域中很多方面都需要防止静电的危害。比如弹药在生产、储运和技术处理中要防止静电危害；电子装备有大量的大规模集成电路和元器件，静电放电已成为电子装备的主要危害源之一，必须进行防静电处理；火箭、导弹和人造卫星在研制生产时存在着静电危害，跟弹药的静电危害类似。火箭在发射前竖立在发射台上，大气电场使火箭感应出电荷，也有静电，只能让火箭接地来防止静电的危害。让静电扬长避短正是物理学和工程技术领域的研究方向。

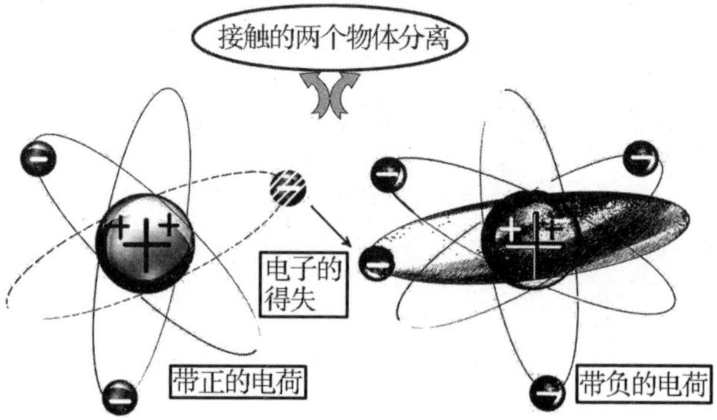

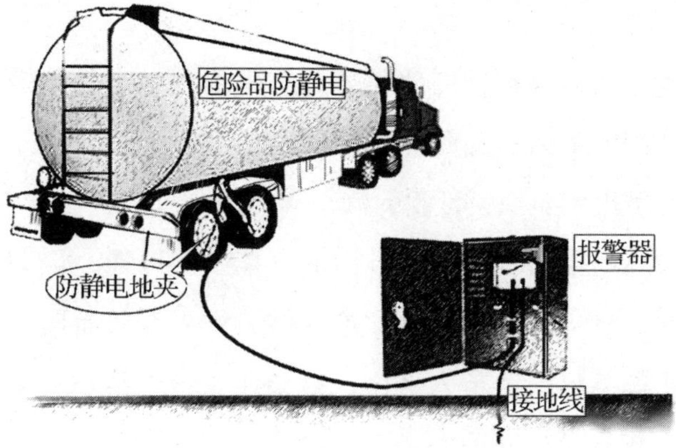

53　电击枪的原理

各国公共安全部门都有执勤、处置突发事件的职能，很多时候并不需要枪炮这类能够致人重伤或死亡的具有较大杀伤力的武器，因此执法部门和军队在执行任务过程中需要使用非致命性武器，以确保既能够制服嫌犯又可以减少伤亡。电击枪是其中的首选。电击枪的最终目的是使攻击者无法行动，当电击枪触及嫌犯时，电击枪会产生瞬间高电压的电流，这种高电压的电流会进入人体，被电击者就会处于混乱和不平衡状态，身体会部分麻痹，从而变得十分衰弱以致无法行动。

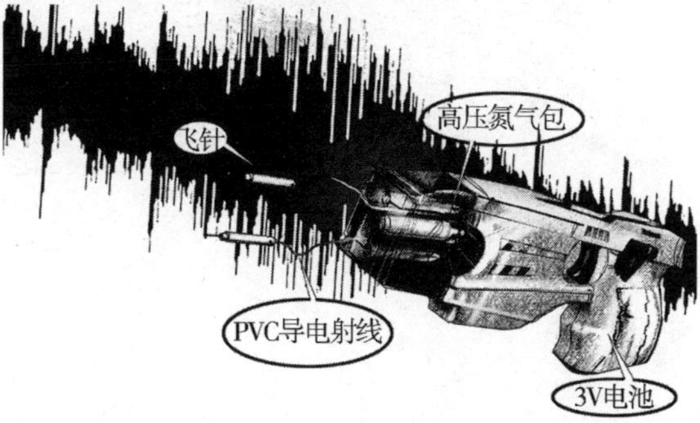

54　载重汽车的“铁尾巴”

不少军用载重车辆的后面悬着一串拖到地上的铁链，这是什么原理呢？生活在我国北方的朋友们都知道，在拉开车门时有可能会被电到。快速行驶的汽车车身与空气摩擦会产生静电；汽车发动机的排气管与高速排出的气体发生摩擦，也会产生静电。同时，汽车的橡胶轮胎是绝缘体，如果其后面没有铁链接地，产生的静电无法传入地面，就会在车身中越积越多。静电积累到一定程度，很有可能击穿车体，从而产生火花和放电，这对高速行驶中的车辆是非常危险的。汽车后面安装金属链条接地，利用金属的导电性，使车辆中产生的静电传到地面，从而消除了这一隐患。

55　磁悬浮列车

我国的上海、长沙、北京等地都有磁悬浮列车。磁悬浮列车的速度高达500多千米/小时，比其他的高速轮轨列车的最高时速300多千米还要快。我国正在研制的超级磁悬浮列车，采用真空管的设计，未来的时速可以高达3000千米/小时，意味着，北京到上海的距离是1200千米左右，20分钟左右就到了，北京到新疆的乌鲁木齐市有3100多千米，也就1个小时左右就到了。为什么磁悬浮列车能够那么快呢？大家都知道磁铁具有同性磁极相互吸引，异性磁极相互排斥的特性，磁悬浮列车正是利用磁铁异性相斥的原理，把两块磁铁的同性磁极上下相叠，那它们就会相互排斥，如果上边一块磁铁的重量选择得当，就能使它悬在下面一块的上面，而不跟它接触，维持着稳定平衡的状态。上方的车厢悬浮在空中，运行时就与地面没有接触，也就没有地面的摩擦力，只有空气的阻力，空气阻力比地面的摩擦阻力要小得多，所以磁悬浮列车能够高速行驶。

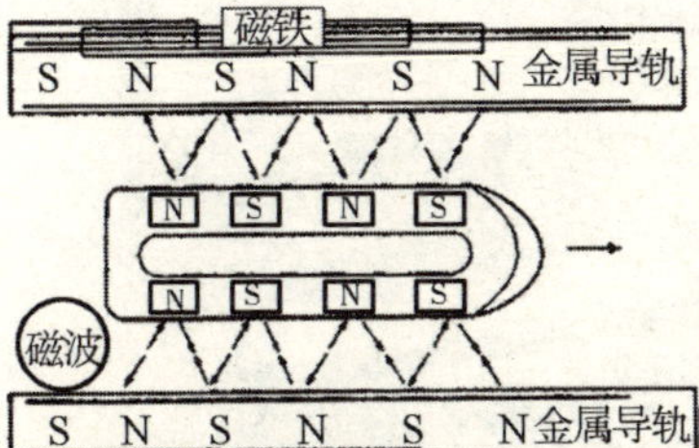

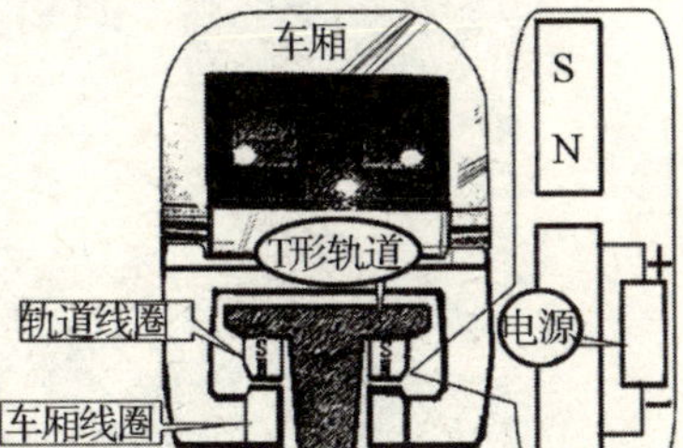

56 电磁炮

通电导线在磁场中要受到力的作用，我们把这个力叫作安培力，也叫“电磁力”。电磁炮就是利用电磁力代替传统火药高速发射弹丸的一种新概念动能武器。1980 年，美国的威斯汀豪研究中心试制的一门轨道炮，将一枚 317 克的弹体加速到 4.2 千米/秒；1982 年，澳大利亚国立大学试制的一门轨道炮，将一枚 2.2 克的弹体加速到 15.9 千米/秒，都大大超过了普通火炮弹丸速度的极限。美国正在试验用电磁线圈炮发射人造卫星。可见，电磁炮具有初速高（弹丸初速可与火箭匹敌）、射弹质量范围大、能源简易等优点，而且无声响、无烟尘、易操作、生存力强，因而电磁炮具有广阔的军事应用前景。我国的国防科研部门在电磁炮的研究水平上处于世界前列。

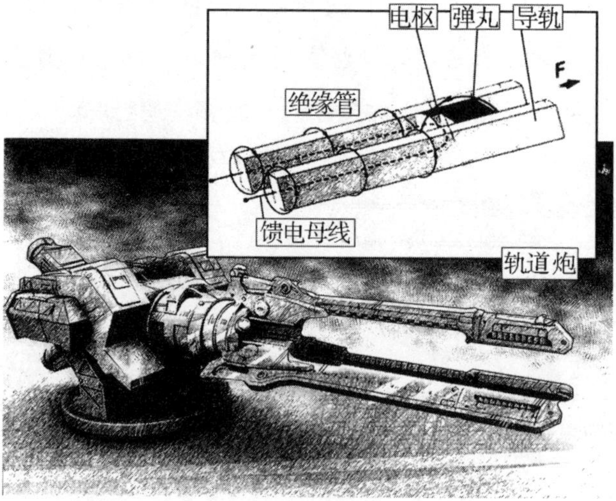

57　超导技术

研究发现，金属的电阻（或电阻率）在常温下与温度呈线性关系，在低温时随绝对温度的 5 次方线性降低；在接近绝对零度时，某些金属，如汞、钒、铅等的电阻将消失。某些金属合金和化合物在较低温度下，电阻也会急剧下降，直至为零。这种电阻突然为零的现象称为超导现象。超导材料在强磁场、低损耗电能传输、超导储能系统、超导磁悬浮等领域都有广泛的应用。超导储能系统容量大、体积小，可以用来替换军车、坦克上笨重的油箱和内燃机；利用超导器件制成的超导量子干涉仪的磁异常系统，不但可探测敌方的地下潜艇，而且还能制成灵敏度极高的磁性水雷；可制成大型红外聚焦阵列探测器，将极大地提高部队的电子侦查能力，让隐身武器平台“原形毕露”；超导发动机储能大、损耗小、重量轻、体积小，能用来驱动飞机、轮船、潜艇和鱼雷等，并且噪声小，隐蔽性好。目前超导新材料在军事上的应用研究还处于初始阶段。

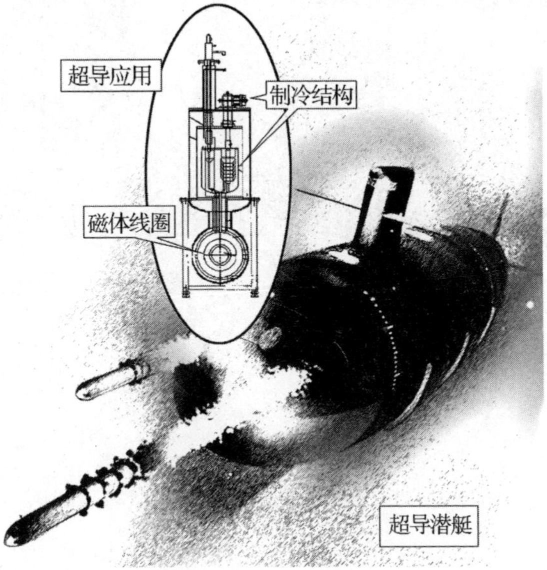

58 报警器

常规报警器一般包括传感部件，用于探测温度、压力、振动等指标变化，再由蜂鸣器发出警报。大量实验结果表明，健康人的耳朵对 3 千赫兹左右的频率最为敏感。声音是由振动产生的，人类利用压电效应制成压电陶瓷来实现产生 3 千赫兹的振动频率。当在压电陶瓷发声元件上施加交变电压时，发声元件会产生振动，发出频率为 3 千赫兹左右的振动传入人的耳朵，即实现报警。压电陶瓷蜂鸣器已经广泛应用于工农业生产、人们日常生活以及国防军事的方方面面。

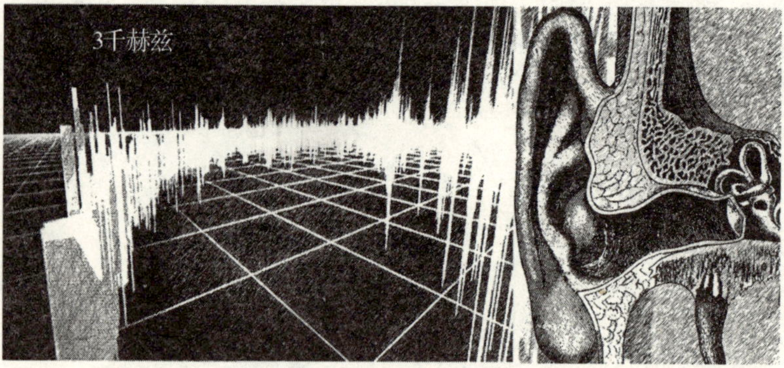

59 天空蓝蓝的

我们知道太阳发光发热，可以发出很多种不同颜色的光：有可见的光，如红橙黄绿青蓝紫光；还有不可见的光，如紫外光、红外光。太阳光照射到地面需要穿过地面上空厚厚的大气层。大气层会散射所有颜色的太阳光，对可见的红橙黄绿青蓝紫光有散射，对不可见的紫外光、红外光也有散射，但对蓝光、紫光的散射作用最强，对红光、橙光、黄光的散射比较弱。太阳位置较高时，能照亮你眼睛和外太空之间的整个大气层，所以在任何方向上，你都能看到从阳光中发出的散射光，就会发生更多的蓝光的散射，就能看到更多的蓝光，所以看到的天空就是蓝色的。如果太阳在地平线以下，太阳光是斜射，太阳光在穿透大气层时，蓝光被分散得多一些，蓝色的光分散在各个方向，而橙光和红光被散射的效果相比较要弱得多，这意味着橙光和红光会到达你的眼睛。如果你在日落或日出之前乘飞机，你就能看到这种壮观景象。天空的颜色有很多有趣的现象，这取决于太阳的位置和你所在的地方。

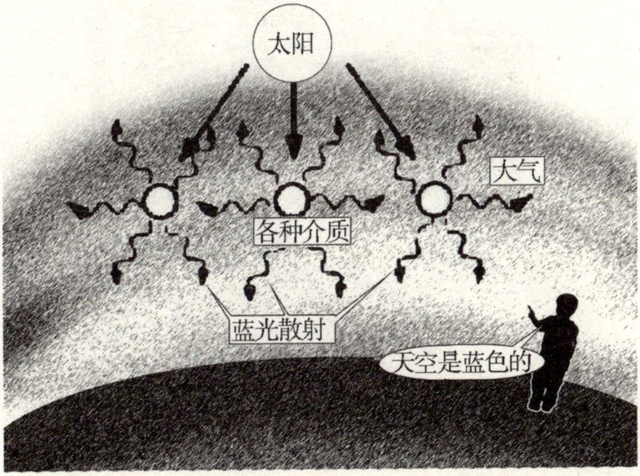

60　梳妆镜的妙用

阿基米德是古希腊数学家、哲学家、物理学家，相传他为了在不损坏国王王冠的情况下测定王冠是否为纯金的，通过浴盆洗澡水往外溢出得到灵感，从而发现了浮力定理。在与古罗马的军事战争中，阿基米德的智慧帮助古希腊度过了很多次军事危机。一天，大批古罗马军队乘船进攻古希腊，快到城市的时候，阿基米德指导城市的妇女拿出自家的梳妆镜，把太阳光反射到敌船上，使古罗马军舰着火燃烧了起来，通过这种方式，打退了古罗马军队。梳妆镜按照一定方式排列在一起，就构成了凹面镜，凹面镜把反射太阳光汇聚到一点上，具有很高的温度，足以使处于这一点上的战船着火燃烧。

伟大的阿基米德

61 隐身

在许多军事任务中，部队都期望能够做到让敌人看不到自己，就是通常所说的隐身。如果能够这样做，他们就可以悄悄潜伏至敌人眼皮底下，并发动突然袭击。虽然目前完全隐身还不能够做到，但可以利用军事伪装来实现隐藏自己。伪装的功能就是隐藏人和装备。传统的伪装服通常包含两种基本元素：颜色和图案。伪装材料采用不光亮色系为其颜色，来与周边环境的主要颜色相匹配。丛林中的伪装服采用的主要颜色通常为绿色和黄色；沙漠中采用茶色系列伪装服；雪地伪装服则以白色和灰色为主要颜色。高级伪装服可以散发热量并保温，这样热辐射信号不会形成热成像。为达到完全伪装的目的，士兵还将自己的脸和手涂成与伪装服相同的颜色。隐藏轮廓是伪装技术的核心。绝大多数的军用装备涂抹为暗绿色和黄色，这样可以与天然树叶很好地混合在一起。另外还有伪装网可以罩在车辆上，临时也可以用树叶拼接起来作为伪装。伪装飞机和船只比较困难，常用的方法是涂抹伪装色。伪装色由几种相似颜色做成的几何形状混在一起构成，类似七色板这种立体图案，就像伪装服上的斑点一样，使人很难分辨出飞机和船只的真实轮廓。同时，军用飞机、军用舰船的外表面由许多平面构成，它们按特定的角度拼接在一起，可以减少或者躲避雷达的探测。

62　射击瞄准

回顾革命战争史，人民军队从不缺乏优秀的狙击手，他们为中国人民的解放事业做出了巨大贡献，但他们的事迹大多没有资料记载。不过，在新中国成立后的历史档案中记载了几位朝鲜战场上的传奇狙击手，其中一位是张桃芳。在上甘岭阵地上，张桃芳用206发子弹先后击毙203个敌军，获得了“冷枪英雄”的称号。要成为一名狙击手，关键就是瞄得准。

军事教官在教授射击训练时，总是要强调眼睛、准星、目标物连成一线，即三点一线。绝大部分人在瞄准的时候都要闭上一只眼睛，这是由于一种叫作双眼竞争的现象所致。如果你用左眼瞄准，你所看到的景物和用右眼看时所看到的并不一样，相比你平时用两只眼睛一起看某样东西时的和谐状态，此时两只眼睛看到的景物却相互竞争，有的人可以用意志力压抑这种视觉竞争，但有的人对此感到非常的不适，因此他们选择闭上一只眼睛。

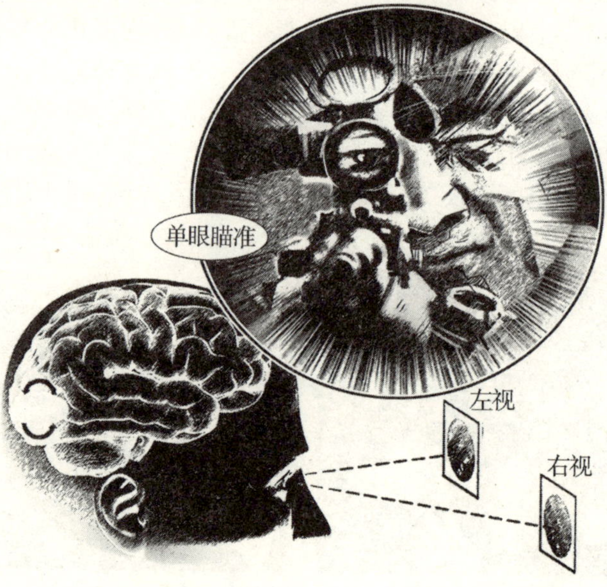

63 光纤

光纤的科学原理具有悠久的历史，最早可以追溯到瑞士物理学家克拉顿在 1841 年所展示的精彩的光喷泉，他让光纤从水槽中沿着弧状的水柱传播。现代的光纤主要是利用可挠曲的玻璃或塑料纤维来传递光线。由于光纤的结构主要是光纤核心层的材料折射率比外边薄披覆层的折射率高，因此光会在光纤内产生全反射，一旦光线进入核心层，它就不断地在核心层的内壁进行不断地反射。国防建设上可以利用光纤的脉冲来传递信号进行通信。其加密光信号保密效果比较好，有利于保密通信，不受干扰且无法窃听。用光纤来制成纤维光学潜望镜，光纤智能蒙皮装备在潜艇、坦克和飞机上，用以传感信息，还可以侦查复杂地形或深层隐蔽的敌情。

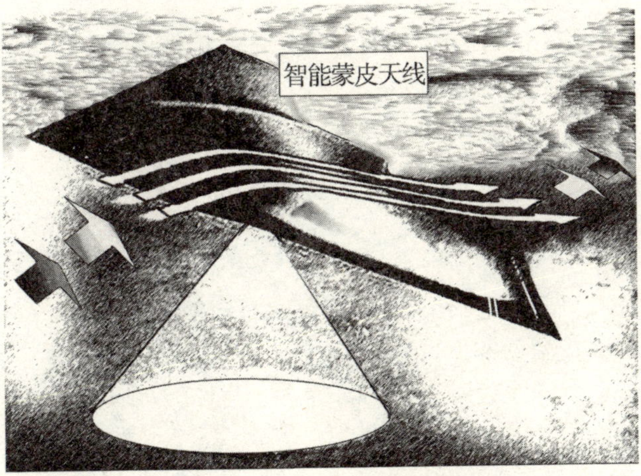

64　峨眉山“佛光”

到四川旅游，峨眉山是游客们必去的旅游胜地。同时，峨眉山还是佛教圣地之一，在峨眉山金顶上还有可能看到佛光。每当雨雪天刚过，天空初晴之时，或清晨太阳刚出来的时候第一缕阳光或者下午太阳快下山时的夕阳照在峨眉山金顶的云层上，就会形成一个无比绚丽的光环。这个环光芒四射，形状和佛像身后环绕的彩色光环一样让人流连忘返。根据多年的气象记录和科学分析，佛光是日光在传播过程中经过障碍物的边缘或空隙间产生的，科学上称为衍射现象。当云层较厚时，日光在通过云层时，会受到云层深处的水滴或冰晶的反射。这种反射光线穿过云雾表面时，会在微小的水滴边缘产生衍射现象，有一部分光束会偏离原来的方向，红橙黄绿青蓝紫等各种颜色的光都会发生衍射，不同颜色的光逐渐扩散开来，就呈现出彩色的光环。

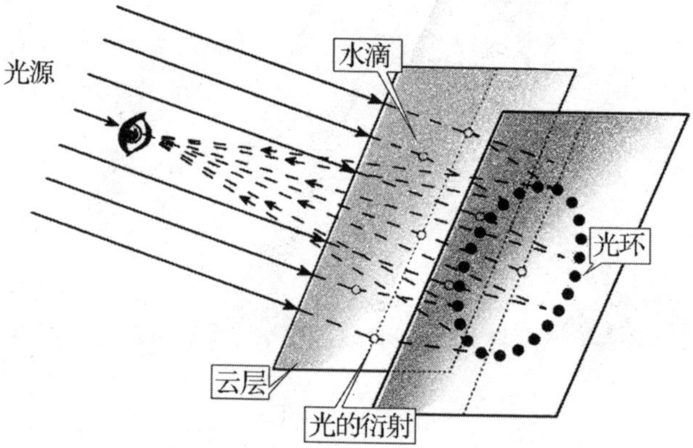

65　海市蜃楼

在沿海地区和沙漠里经常会发生海市蜃楼现象，这主要是与光的传播有关。光在密度分布不均匀的空气中传播时，会发生全反射，这就是海市蜃楼的原理。当光在统一密度的空气中行进时速度是不变的，始终沿直线传播，但当光在不同密度的空气中传播时，光的速度就会发生改变，前进的方向也会发生改变。太阳照射到沙地上，由于地表的温度比较高，接近沙地的热空气比上层空气的密度小，折射率也小。从远处透过物体射向地面的光进入折射率小的热空气层时被折射，当入射角逐渐增大时有可能发生全反射，人们逆着反射光线看去，就会看到远处物体的倒影。而在地表温度低的地方（如海面）则能看到正的影像。

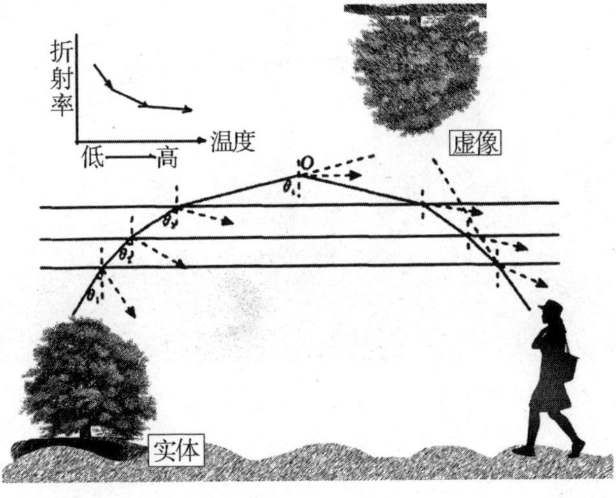

66　朝霞不出门，晚霞行千里

民间有俗语“朝霞不出门，晚霞行千里”，霞光一般出现在春夏两季的早晨和傍晚。早晨看到的彤红的霞光就叫朝霞，傍晚看到的霞光就叫晚霞。春夏早晨，低空空气稳定，尘埃少，如果出现鲜艳的朝霞，就表示东方低空空气比较湿润，含有许多水滴，有云层存在，雨水将逐渐逼近。这就是朝霞不出门的原因。傍晚，由于大地被太阳光照射了一天，空气温度较高，低空大气中水分一般不会很多，但尘埃因对流变弱可能大量集中在底层，这时如出现鲜艳的晚霞，则主要是由于尘埃等干粒子对阳光的散射所致。这就说明西方的天气比较干燥。按照气流由西向东移动的规律，未来一段时间本地的天气不会转坏，所以有“晚霞行千里”的说法。相关天气俗语还有：“日出一点红，不雨便是风”；“日落晴彩，久晴可待”；“早烧不出门，晚烧行千里”。

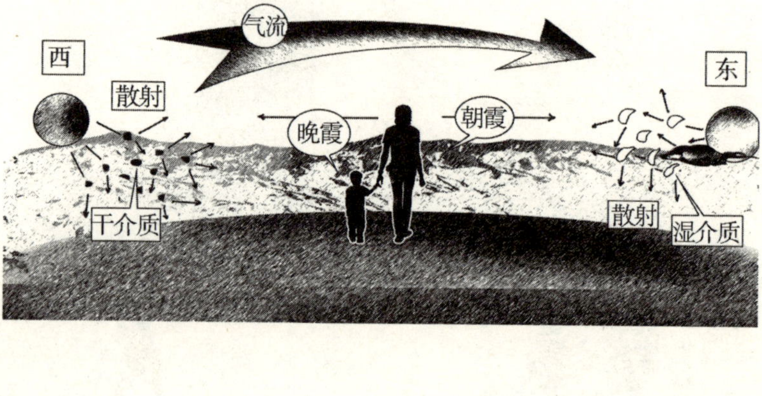

67 望远镜

荷兰镜片工匠利伯希可能是第一个发明望远镜的人。他将两个透明的玻璃镜片放置在一条直线上，意外地发现可以清晰地观察到更远处的景象。1609 年，意大利天文学家伽利略自制了一部倍率大约为 3 的望远镜，后来又制造了放大倍率可达 30 倍的望远镜。伽利略把望远镜对向天空，从而观察到木星的卫星，从此开启了新的篇章。早期设计的望远镜是利用可见光来观察远处的物体。很快，望远镜运用到军事领域，常用于指挥官在战场上观察远处敌情和火炮观察员观察敌方阵地的方位。有趣的是，许多与望远镜相关的重要发现都是在无意间得到的。物理学家布莱恩·格林说过：“望远镜的发明和改良，以及后来伽利略对它的使用，标志着现代科学方法的诞生，而且为我们重新在宇宙中寻找自己的定位奠定了基础。这个装置让我们领悟了宇宙蕴藏的知识远比我们仅靠天然感官所认知的更广阔。”望远镜彻底地改变了我们的世界观。望远镜迫使我们承认，地球和人类只是宇宙中很小的一部分，可以用沧海一粟来形容。

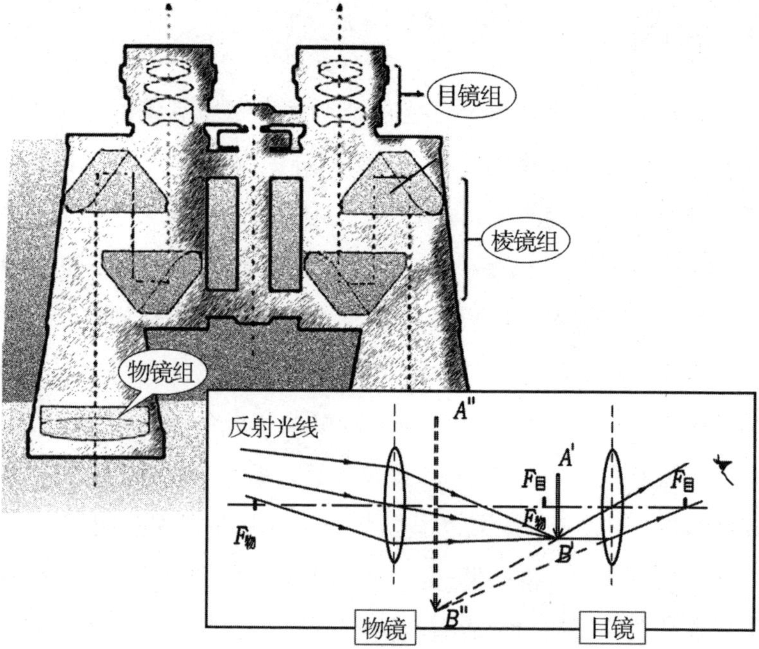

68　光的薄膜干涉

汽油滴在水面上，油面上便呈现出彩虹般的颜色；肥皂泡在空中飞舞，球形的肥皂泡上也会呈现出五彩斑斓的颜色；孔雀的羽毛在展开的时候会呈现出彩色。分析其成因，它们都具有共同的物理学原理，即都是发生了薄膜干涉现象。无论是水面上的汽油滴还是空气中的肥皂泡，都有一个共同的结构特点，那就是形成了很薄的一层膜，这层薄膜的上下表面都会反射光线，这两列光线会产生干涉。油滴、肥皂泡都是椭球形的，随着反射角度不同，反射光线经过膜上不同厚度，就会在某一厚度的地方呈现出干涉加强、另外一些地方呈现出干涉减弱，就出现明暗相间的干涉纹。由于自然光是由不同颜色的光组成的，每种颜色的光在薄膜上的干涉都是不同的，最终呈现出不同颜色的条纹。另外，孔雀的羽毛，蝴蝶、甲壳虫以及某些小昆虫的翅膀都是角质层透明膜或精细表层结构，在自然光下同样会形成五光十色的干涉现象。根据这个原理，现今的照相机的镜头、望远镜的玻璃片都镀有透明薄膜，而且为了增强反射或透射光线的效果，还不止镀一层膜。

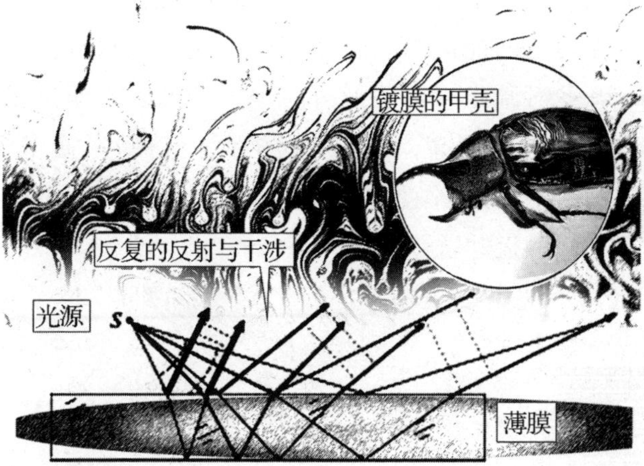

69 激光

激光是发光源的微观结构中的原子受激辐射而产生的光。其发光结构和发光原理在这里就不做详细叙述了。由于激光具有方向性好、不易发散、单色性好、亮度高、相干性好等优点，激光科技在许多实际的应用领域已经变得非常重要。从医疗到消费性电子产品到通信以及军事科技，激光是尖端研究的重要工具，至今一共有18位诺贝尔奖获奖者的研究与激光有关。激光在军事上有非常重要的应用。激光武器是利用激光束直接攻击敌人目标的定向能武器。激光束以光速射向目标，一般不需要提前量，发射激光时几乎没有后坐力，可以方便迅速地变换射击方向，射击精度高，能够在短时间内精确拦截多个目标。另外可以利用激光进行通信、测量距离，激光雷达可用于测量各种飞行目标的运动轨迹。

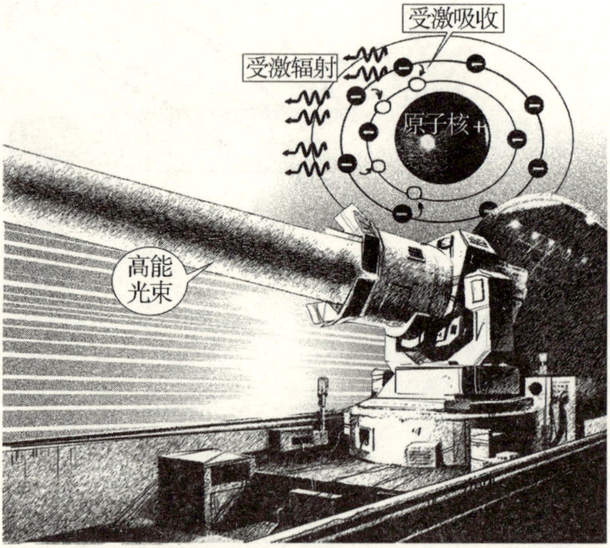

70 全息影像

全息影像技术是利用干涉和衍射原理记录并再现真实的三维图像的技术。一般分成两大步骤：第一步是利用干涉原理记录物体的光波信息；第二步是利用衍射原理再现物体光波信息。全息图每一部分都记录了物体上的各点的光信息，故原则上它的每一部分都能再现原物的整个图像，而且立体感强、形象逼真，具有非常好的效果，在国防军事中有极其广泛的应用。一般的雷达只能探测到目标方位和距离，而全息照相则能给出目标的立体形象，这对于及时识别飞机、舰艇以及其他军事目标有很大的作用。但是由于可见光在大气或水中传播时衰减很快，在不良的气候条件下甚至无法进行工作。为克服这种困难，发展出红外、微波及超声全息技术，即用相干的红外光、微波及超声波拍摄全息照片，然后用可见光再现物像，这种全息技术与普通全息技术的原理相同。超声全息照相能再现潜伏于水下的三维图样，因此可用来进行水下侦查和监视。由于对可见光不透明的物体往往对超声波透明，超声全息可用于水下的军事行动等。全息图在航空航天领域也有极其广泛的应用，如用于研究火箭飞行的冲击波、飞机机翼蜂窝结构的无损检测等。

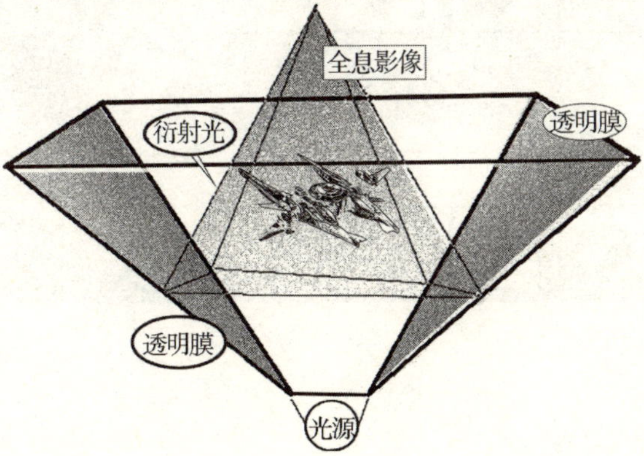

71 红外技术武器

在任何温度下，一切宏观物体都要向外辐射各种波长的电磁波。红外光和可见光本质上是一样的，都属于电磁波，只是波长不同而已。红外光是物体向外辐射的波长大于红光波长的不可见光，也叫“红外线”。自然界中红外辐射的极其普遍性这一特点是红外技术有着广泛应用的重要原因。我们生活中常用的红外仪器有红外探测器、红外成像仪。在军事上可以用于红外测温、红外报警、红外制导、红外遥感侦查、红外夜视、红外隐身等。预警卫星上装有利用红外原理研制的红外扫描和凝视相机，遇有地面或水下发射弹道导弹的情况，高灵敏度的红外扫描相机就能够探测到导弹主动段飞行期间发动机尾焰的红外辐射并发出警报。

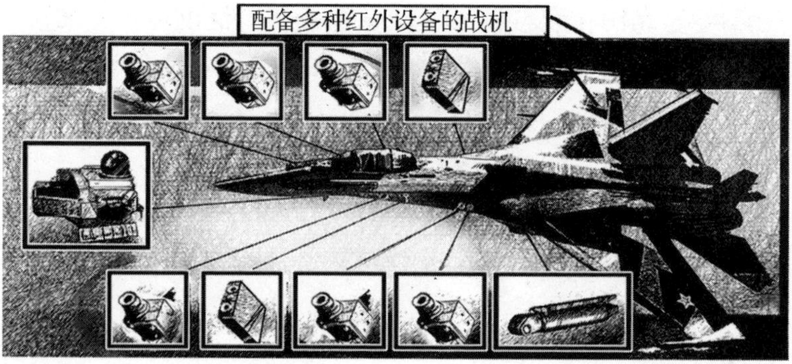

72　纳米技术武器

纳米技术是20世纪80年代末诞生并正在蓬勃发展的高新科技，是在纳米尺寸范围内认识和改造自然，通过直接操纵和安排微观粒子如分子、原子而创造新物质。纳米是一个长度单位，1纳米是1米的十亿分之一，可见纳米是一个极小的单位。纳米技术标志着人类改造自然的能力已经延伸到一个新的层次。纳米技术是以1～100纳米尺度的物质或结构为研究对象，在微电子学领域、光电领域、化工领域、生物工程、医学上都有广泛的应用。在军事上可以利用纳米技术制作成各种分子传感器和探测器、纳米机器人等。

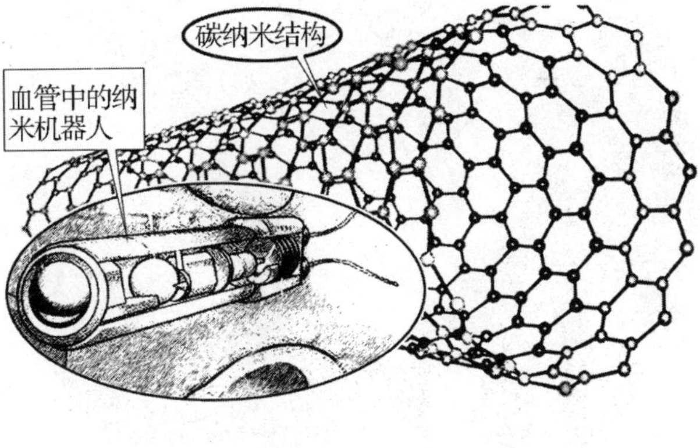

73　粒子束武器

粒子束武器是利用高能加速器所产生并发射出的高能粒子束杀伤目标的定向能武器。其基本原理是：用高能强流粒子加速器，将注入其中的电子、质子以及各种重离子一类的带电粒子加速到接近光速，使其具有极高的动能，然后用磁场将它们聚集成密集的高能束流，并直接或去掉电荷后射向目标，在极短时间内把巨大的能量传递给目标，通过它们与目标物质强相互作用，达到杀伤、摧毁或识别目标的目的。与一般常规武器相比，粒子束武器具有快速、高能、灵活的特点。与核、生、化武器相比，粒子束武器具有干净的特点，使用后不会对环境造成污染，不会对生态造成破坏，也不会给己方带来什么不利的影响。

离子束武器的研究

74　防弹衣

防弹衣有两类，即硬式防弹衣和软式防弹衣。硬式防弹衣是由硬陶瓷或金属板制成。工作原理与古代的铁质盔甲基本相同，其坚硬程度足以将子弹挡住或挡开。缺点是比较笨重。但警察和军人平时执行任务期间常穿戴软式防弹衣，软式防弹衣的常用材料是质量很轻、质地比相同质量的钢要坚硬 5 倍以上的凯夫拉纤维，采用的结构是网状结构。按防护级别，防弹衣分为 7 个级别。为了增加防弹衣使用的舒适性，常把硬式防弹衣和软式防弹衣结合起来，在关键部位可以插入金属或陶板，以此来增强防护力和穿戴的舒适性。

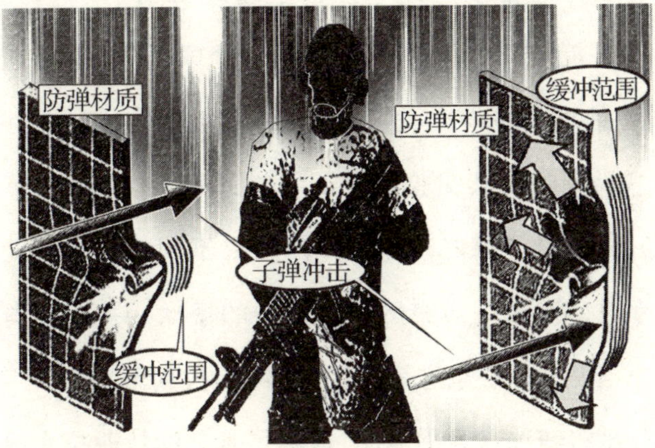

75　地球物理武器

随着对物理学研究的深入，物理学所包含的知识、原理不仅在生活中得到广泛应用，在国防军事领域的应用也非常普遍。相比常规武器，一种更具杀伤力、无污染的新型武器进入武器发明家的视野，这就是地球物理武器。所谓地球物理武器是指利用地球物理场作为打击和消灭敌人的武器，通过干扰或改变存在人们周围的各种地球物理场，来达到瓦解和消灭对方有生力量的一种非常规武器。包括堵塞、干扰和破坏敌方通信；改变战区的气候和生态环境；甚至诱发洪水、干旱、地震等。20世纪初被誉为伟大的科学家之一的特斯拉一生发明创造很多，是电力商业化的推动人之一，也是超距武器的奠基人。早在1912年他就提出："若把物体的振动和地球的谐振频率正确地结合起来，在几个星期内，就可以造成地动山摇、地面升降。"1935年，特斯拉在其实验室打了一个深井，并在井内下了钢套管，然后将井口堵塞好，并向井内输入不同频率的振动。在特定的频率时，地面就会突然发生强烈的振动，并造成周围房屋的倒塌。当时的一些杂志评论说："特斯拉利用一次人工诱发的地震，几乎将纽约夷为平地。"这就是著名的特斯拉实验。地球是生物生存的根本。如果贸然改变地球的物理条件，会对地球上的生物非常不利。

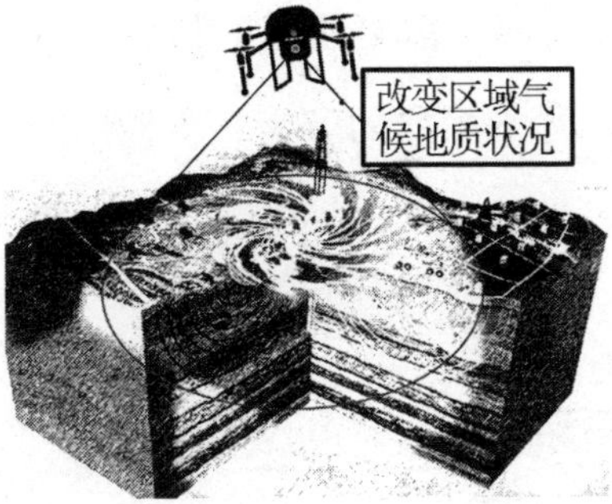

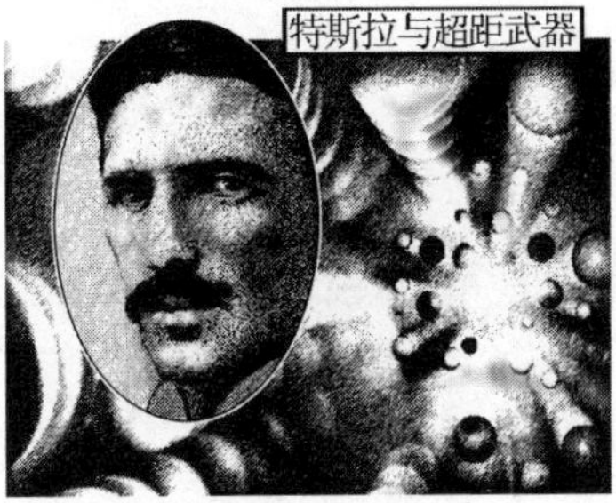

76 传感器技术

传感器是模仿生物体感官的器件或者装置。生物体的感官是天然的传感器，人的大脑正是通过感官（五官）感知外界信息。在工程和科学技术中，传感器被定义为："能感受被测量的信号，并能将感受到的信号按一定规律变换成为电信号或其他所需形式的信号输出，以满足信号的传输、处理、存储、显示、记录和控制等要求的一种检测装置。"感知的被测量可以是物理量、化学量、生物量等。绝大多数传感器都是物理型的，依据各种物理原理或物理效应设计制成。传感器技术是当今信息社会中一门跨学科的边缘技术，已经渗透到工农业生产、国防军事、科学研究及日常生活的各个领域，传感器的发展已成为一些边缘科学研究和高新技术开发的先驱。随着"信息时代"的到来，国内外已将传感器技术列为优先发展的科技领域之一。大型飞机使用的传感器已达 100 多种，洲际导弹、宇宙飞船和航天飞机等复杂而高可靠性的飞行器，需要使用的传感器种类和数量都十分庞大。1984 年美国军方采购的航空、车辆用的军用传感器就占传感器销售额的一半。可以说，传感器的大量使用已是军事现代化的重要标志。

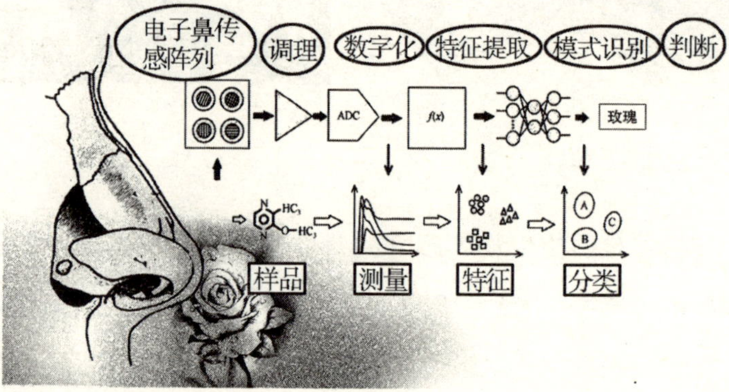

77 新能源技术

自然界在一定条件下能够提供机械能、热能、电能、光能、化学能等某种形式能量的自然资源叫能源。能源是人类进行生产和赖以生存的必不可少的物质基础，是新技术革命的重要支柱。在人类历史上，已经经历了三个能源时期，即柴草时期、煤炭时期、石油时期。每一次能源的替代和转换，都伴随着生产技术的巨大变革，使人类社会发生了质的飞跃。所谓新能源，是指目前还未被人类大规模使用，有待进一步研究试验与开发利用的能源。通俗地讲，目前新能源的开发利用主要是原子核能、太阳能、风能、海洋能、地热能和氢能的开发利用。核能的利用是武器发展史上的新的里程碑，可以制造成威力巨大的原子弹、氢弹、中子弹等，还可以应用在大型武器平台的动力系统，核航空母舰、核巡洋舰、核驱逐舰、原子破冰船等已经游弋在辽阔的海面上，它们只需要装载少量的核燃料，就能提供强大的续航力。直接利用太阳能是通过光热转换、光电转换和光化学转换三种途径，自20世纪60年代开始，太阳能电池在人造卫星、宇宙飞船、航天飞机上作为主电源大量使用。对于海洋能的利用主要体现在转换成电能方面，有潮汐发电、波浪发电、海水温差发电、海流能发电等。我国青海、西藏的很多地方建成了地热发电站，为部队提供供电保障。氢能是用氢作燃料的洁净能源，目前仅限于航天和国防领域。不久的将来会有更多的新能源为人类所掌握。

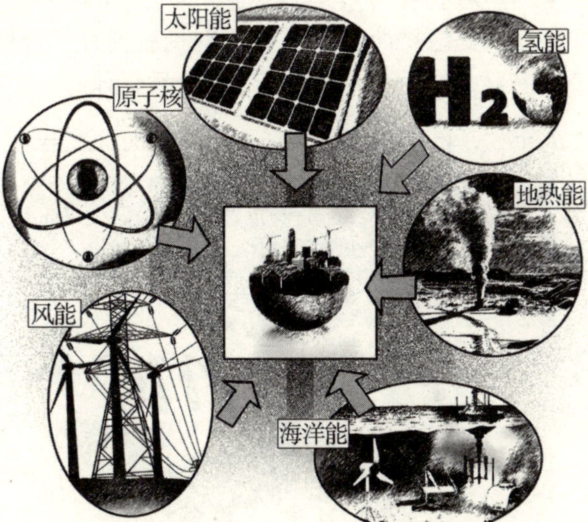

78 核武器

1905 年，爱因斯坦推导出了质能公式，并且做出了具有深刻意义的说明，他认为物质蕴藏着巨大的能量。1945 年 7 月 16 日，在美国新墨西哥州的沙漠，原子弹第一次被引爆，人类开启了核武器时代。核武器的爆炸可以来自核裂变、核聚变，或两者兼具。原子弹利用的是核裂变反应，即是原子核分裂成较小的碎片的过程，过程中通常会产生自由中子、较轻的原子核以及大量的能量。当自由中子飞出并造成其他原子核分裂时，就会发生连锁反应，使整个过程持续下去。核武器则是这种反应以快速、不受控制的方式发生，在瞬间产生巨大的能量。氢弹，又称热核弹，利用的是核聚变反应，即两个轻核发生反应聚合成较重核的过程，同时也会释放出巨大的能量。1945 年 8 月 6 日和 9 日，美国将两颗原子弹分别投放到日本的广岛和长崎，造成了大量的伤亡，加速了日本法西斯投降的步伐。第二次世界大战至今，已出现了几十种不同类型的核武器。

79　空间技术

随着科学技术的进步，空间的概念也在不断拓展。人们把大气层以内的空间称作内层空间，在内层空间的航行叫航空。把地球稠密大气层以外，太阳系以内的空间称作外层空间，又叫宇宙空间，在外层空间的航行叫航天。把太阳系以外的空间称作大宇宙空间，在那里的航行叫航宇。在内层空间（大气层）与外层空间之间没有明显的分界线。在航天技术领域，把距地表100千米以上直至遥远宇宙的区域称为外层空间。地球是太阳系八大行星之一，地球与太阳的平均距离约为1.5亿千米。在地球与太阳之间，距地球93万千米的地方，太阳的引力大小与地球的引力大小相等，也就是说以地球为中心，半径为93万千米的球形区域是地球的引力作用范围，这个球形区域就是地球空间。在地球空间内存在着月球轨道，月球空间是一个以月球为中心的半径为6.6万千米的球形区域。目前，空间技术指的就是航天技术，实现的是太阳系以内的航行。要实现航天飞行，必须解决的问题是如何才能使航天器在空间持续运行，而不被地球引力吸引到地面上来。其关键是航天器必须达到足够高的速度。其航天技术的核心思想来自物理学的基本原理，根据物理学的基本原理推导出了发射航天器所需要的最小发射速度是第一宇宙速度7.9千米/秒，航天器要获得飞离地面进入外层空间所必需的速度，只有靠火箭作为运载工具来实现。在已经发射的航天器中，人造地球卫星占90%以上，其中军用的约占四分之三。所以空间技术集中体现在人造地球卫星在军事上的应用。

80 曹冲称象

东汉末年，有人给丞相曹操送来了一头大象，曹操想称出这头大象的体重，群臣却想不出办法，最后，曹操的儿子曹冲想出了“以舟称象”。当时称重的秤是杆秤，要称量几吨重的大象是很难的。曹冲说：“把大象放到船上，记下船在河中下沉的位置。然后把大象拉上岸，把石头装入船上，直到装载石头的船下沉到刚才的记号位置为止。再分别称出船中石头的重量，石头的总重量就是大象的重量。”曹冲称象的方法，正是浮力原理的具体运用。同时这种称重的方法包含了极其重要的思维方法：当我们要解决的问题，不论是要称大质量的物体的重量还是要测量国境线、海岸线这类很长的距离，研究复杂物体的结构、曲折的运动规律、繁杂的社会事务等，如果用常规的已有的工具、已有的方法无法解决这些难题，我们可以把这些难题分解成很多部分，对这些分割出来的部分再进行逐个击破，逐个解决小部分的难题，从而完成解决复杂的难题。

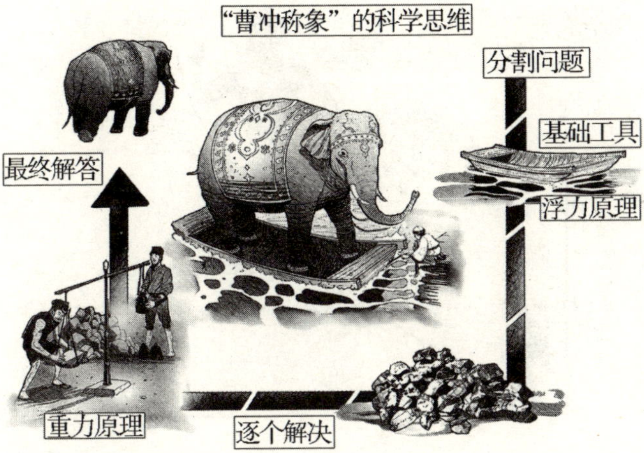

81　人在运动后会肌肉酸痛

人体内存在着乳酸，乳酸是能量的来源，是葡萄糖代谢后的产物。人体内的乳酸在一刻不停地生成和分解。运动之初，乳酸生成的速率等于分解速率。随着运动强度的增加，人体对能量的需求不断增大，乳酸的生成速率大于分解速率，于是乳酸在肌肉中堆积，这是许多运动者在运动后感到酸痛的原因之一。乳酸最终会被氧化掉，或者说被“烧”掉。想要更有效地消除运动后肌肉中积聚的乳酸，就需要在运动后采取积极的恢复手段而不是消极地休息，比如在跑步后适当地步行而不是直接躺倒在地上。如果运动量过大，乳酸的生成量过大，可能会酸痛很久，从而对身体不利，需要运动者以及训练组织者多加注意。

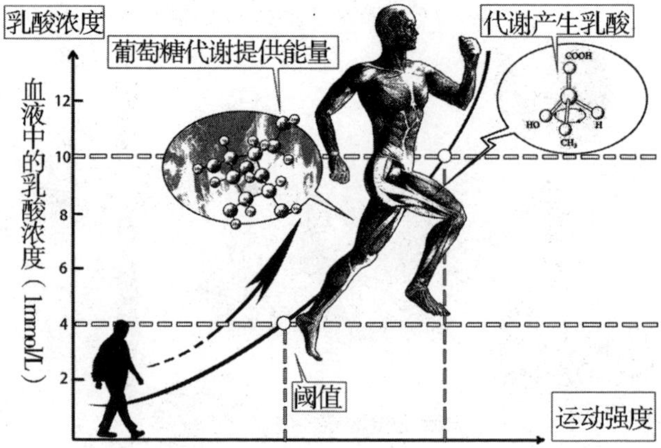

82　擒敌术

军事擒敌术有很多出拳和打击的技巧，但都是运用了一个简单的物理原理。经过训练，武警战士能把全身的力量聚集到身体的一个较小的部位上，比如，把手指紧紧并拢，只用手掌的一侧或仅用指尖去击打对手，相同的力量就会集中在一个较小的区域，产生的冲击力就会大得多。把作用力集中在手或脚上某个较小的、通常是有骨头的部位，击打就会集中在这个点上。为了保护自己免受攻击，武警战士有特殊的进攻姿势。通常情况下，当武警战士站立时，一条腿在前一条腿在后，这使他们的身体偏向一侧，避免身体前部遭到攻击，同时也能够很好地保持平衡。要领就是：集中注意力，观察周围的一切，当机会到来时紧紧抓住，全力攻击一点。这正是物理学的模型化思想，即抓住主要因素，忽略次要因素。擒敌术除了能够强身健体，自卫防身，其科学原理还可以用到生活的各个方面。

83　科学假说

物理学研究的任务在于揭示事物的本质或物理规律，但由于事物的复杂性以及人们认识的局限性，人们的认识总是从初步的、探索性的猜测，逐步提高到对事物本质的认识。科学假说是指：在已有知识和科学事实的基础上，对事物本质及其规律性作出的一种推测性说明或解释。发现问题、提出问题是科学假说产生的动因。经过充分思考，提出新的科学问题、新的可能性，从新的角度去看一个老问题，却需要有创造性的想象力，而且能够推动科学技术的真正进步。诸葛亮的隆中对“三足鼎立”理论就是一个绝妙的科学军事假说。这个假说是诸葛亮根据东汉末年曹操、孙权、刘备三股主要军事力量的实际情况而做出的超前论断。诸葛亮未出茅庐而先定三分天下，为后来开创新局面打下了理论基础。元朝末年，朱元璋根据谋士的建议“高筑墙、广积粮、缓称王”努力建设根据地，为后来统一全国奠定了理论基础。抗日战争中，毛泽东同志根据当时敌强我弱的情况，提出的《论持久战》以及到敌人后方去建立根据地为抗日战争的胜利提供了有力的理论支撑。这些都是根据当时的政治经济情况，结合自身的特点提出的，大胆地预测未来的伟大创举。

84 类比方法

类比方法，是根据两个或两类对象之间某些方面的相似性，而推理出它们在其他方面也可能相似的一种逻辑思维方法。类比推理的客观基础是事物之间存在着普遍联系的本性。它以比较为基础，通过联想，把异常的、未知的事物现象与寻常的、熟悉的事物现象进行对比，然后依据两个或两类研究问题之间存在着的某种类似或相似的关系，从已知事物或现象中具有的某种性质推出未知事物现象中也具有相应的一种性质。电与磁具有相似性（有相似公式和定律），说明电与磁之间有一种内在联系。法拉第正是由电与磁的相似性出发，由电能生磁大胆猜想磁能生电，经过近十年的实验研究，终于发现了电磁感应现象。法拉第根据类比得出的电磁波的设想最终由麦克斯韦完成，并被赫兹用实验加以验证。军事思想中的《孙子兵法》，不仅在军队中传播与使用，很多企业在制定发展规划，国家在制定发展战略时都在运用。根据人本主义心理学家马斯洛的观点，人的成长发展有5个层次的需要。人若要实现自我的高层次需要首先要满足生理需要、安全需要等人生长发展的基本需要。人的发展可以类比国家的发展，因为国家发展与人的发展一样，当一个国家安全受到威胁时，其他各行各业的发展都会受到阻碍。而国防建设在这个过程中承担着维护国家利益的重任，国防安全是国家获得长远发展、长远进步的基本需求。

85 控制变量法

物理学从纷繁复杂的自然现象中寻找研究的问题，把研究的问题独立出来作为我们的研究对象。这种研究对象存在多个影响因素，通常采用控制变量法，把多因素的问题分解成多个单因素的问题。每一次只改变其中的某一个因素，控制其余几个影响因素保持不变，从而研究被改变的这个因素对研究对象的影响，分别加以研究以后再综合解决。例如，一个物体在多个力的作用下运动，我们可以通过改变其中一个力控制其他力不变来分析每个力对于此物体的作用。在研究电现象时，需要讨论通电线路的电流与电压的关系，通常做法是保持电阻不变，通过改变电压观察电流的变化。这也好比每个人心中都有一个梦想，在追逐梦想的过程中，我们要不断分析实现梦想可能会受到哪些因素影响，就像探究物理中的多变量问题，只有控制其他量不变才能确定某个因素的影响力，才不会在前进的道路上迷失方向。发射人造卫星时，我们同样需要分析影响火箭飞行的因素，针对不同的影响因素，研究出相应的科学理论来解决相应的问题。

86　转换法

物理学的研究领域广泛，经常会碰到不容易观察的自然现象。物理学家们就想到了一种间接观察法，也叫转换法，其核心思想是把不容易观察到的现象、看不见的物质用由它产生的各种明显的、直观的现象表示出来。我们要研究声音现象，但人眼看不见，我们可以观察产生声音的物体的振动。如可以通过敲击音叉观察音叉的振动；可以在桌面上撒一些米粒，敲击桌面，观察米粒的跳动。由此可见，不是所有的生活现象都那么明显，有时需要借助外物才能变得直观。古语“踏花归去马蹄香”，正是通过外出归去时的马蹄香来间接地描述花香。当你的才华还没有被认可时，不要轻易否定自己，也许只是那个让你脱颖而出的转换机会还没有出现。

87　科学探究

科学探究是物理学中常用的一种研究思想和方法。其研究过程常有提出问题、猜想与假设、制定计划、设计实验、进行实验与收集证据、分析与论证、评估、交流与合作等要素组成。有一位物理学家曾经说过，物理学是建立在一系列事实、公式和定理、定律之上的，就像房子是用砖砌的一样。但是，如果把一系列事实、公式和定理定律就看成物理学，那就犹如把一堆砖看成房子一样。不，物理学比组成它的事实、公式和定理、定律要深刻得多。物理学的研究领域有力、热、光、电磁和近代物理等。物理学家在发展物理学知识体系的时候，也创建了研究科学的思想和方法。物理学的研究方法为其他科学的研究提供了必要的理论支撑和科学思想方法的支撑。例如，物理学中的模型化的方法为自然科学和人文科学的发展提供了理论上的指导。20 世纪 90 年代的长江流域暴发百年难遇的洪水，在抢险抗洪一线就有很多专业的力学专家指导抗洪抢险。可以说，物理学引领了科学的发展。科学探究是一次充满惊喜的旅行，不要只记得采摘沿途缤纷的知识花朵，深埋在泥土中的研究方法之根更要用心去挖掘。因为鲜花总会凋零，根却孕育着强大的生机，来年还能长出下一个花季。

88　参考系的选择

日常生活和军事行动中，我们都需要判断物体或人（物理学上也称为研究对象）的运动情况。要描述研究对象的运动情况，就要判断研究对象位置的变化。要判断研究对象位置是否发生变化，就要选定一个标准物，这个标准物即是参考系。在判断物体的运动情况时，研究对象本身不能作为参考系，这跟一个人参加体育比赛时不能既当运动员又当裁判的道理是一样的。因为如果选研究对象本身作为参考系，则研究对象总是静止的，这样的结果毫无意义。除了研究对象本身以外的其他任何物体都可以选作参考系，如果研究对象相对于参考系的位置发生变化，就说这个研究对象是运动的；如果研究对象相对于参考系的位置没有发生变化，就说这个研究对象是静止的。乘坐汽车、火车、飞机等交通工具时，如果以该交通工具为参考系，乘客是静止的；如果以地面为参考系，乘客就是运动的。通常所说的鸟在天上飞、鱼在水中游，是以地面或者观察者本身为参考系。

宋朝诗人苏轼的名句“横看成岭侧成峰，远近高低各不同”生动地表达了不同参考系下所给予的观感之妙。成语“刻舟求剑”讲的是春秋战国时期，一楚国人带宝剑乘船过江，船行驶在江中时，不小心把剑掉入江中，他立即用刀在剑落水的船沿处刻上记号。当船到达对岸后，他根据船上刻下的记号下水捞剑，结果怎么也找不到。他之所以捞不到剑，是因为选错了参考系。如果船在静水中不动，剑落水后，剑相对船的位置不变，这样在船上的记号下方可以找到剑。船在流水中运动，船相对于落剑的地方已经有了位置的改变，所以在船上的记号下方自然就找不到剑。军事行动中的观察哨、狙击手在进行敌情侦查时，首先也要选择一个参考系，通常选取打击目标周围的物体比如树木、花草、石头等作为参考系。我们的目标是星辰大海，参考系也可以是星辰大海。

89 运动和静止的相对性

物质存在的形式就是运动，只要物质是客观存在的，它们就是运动的。没有脱离运动的物质，也没有脱离物质的运动。也就是说运动本身是绝对的，静止是相对的，自然界中绝对静止不动的物体是没有的，整个宇宙都是由运动着的物质组成的。空中加油机，我们在地面观察，两架飞机都是运动的，而以加油机为参考系观察被加油的飞机则是静止的。当你处于匀速运动的封闭的船舱中，你是不能根据任何现象来判断船究竟是在运动还是静止，正如“不识庐山真面目，只缘身在此山中”。由此可见，在研究同一个物体的运动时，选择的参考系不同，物体的运动情况也可能不同。动或不动在于选择了哪个参考系，选择恰当的参考系可以让复杂的情形变简单。在日常生活和生产中，我们往往根据需要和方便来确定参考系。累或不累在于拥有什么样的心态，拥有平和的心态会让烦恼消失。个人的发展也要选择合适的参考系，不应当局限于某个小范围的攀比，不能做井底之蛙，而应当把眼光放长远，以一种发展眼光来看待问题，将个人发展的参考系与国家的发展、伟大中国梦结合起来。

90　合力

一个力对物体的作用效果与几个力同时对物体的作用效果相同，那么这个力就叫那几个力的合力，那几个力就叫这个力的分力。作用在同一物体上同一条直线上的两个力，方向相同时合力最大，合力等于这两个力之和，合力的方向与这个力的方向相同；若这两个力的方向相反，合力最小，合力等于这两个力之差，合力方向与较大的力的方向相同。如果作用在物体上的几个力不在同一条直线上，则计算合力时遵守平行四边形定则。同理，在课堂上眼耳手口心团结协作，学习效果才能达到最佳。“三个臭皮匠，顶个诸葛亮”用于比喻人多智慧多。“打虎亲兄弟，上阵父子兵”意指打仗需要团队中的所有人团结一致，紧密团结像一家人一样亲密，具有极强的凝聚力，共同对敌。“兄弟齐心，其利断金”指兄弟齐心协力，凝聚的力量就像锋利的刀刃能够斩断金属。国防建设也需要全国人民紧密团结一致，齐心合力为实现伟大中国梦而共同努力奋斗，实现中华民族伟大复兴。

91 重力

重力是由于地球的吸引而产生的。地球上的任何物体都要受到重力的作用，而且一个物体的各个部分都要受到重力的作用。由于物体的形状、质量分布情况多种多样，为了研究的方便，可以把物体各部分受到的重力等效在一个点上，这个点即是物体的重心。形状规则、质量分布均匀的物体的重心在它的几何中心上，例如，均匀细杆的重心在杆的中点，均匀球体（篮球、足球等）的重心在球心，均匀圆柱（士兵扛的原木）的重心在轴线的中点。不规则的物体重心，可以用悬挂法来确定。要注意的是，重心不一定在物体上，它可能在物体外。例如，圆环的重心在环心。找准物体的重心，才能把它稳稳顶起；把握人生的重心，才能不在细枝末节上浪费精力；把握一个集体发展的重心，才能在战略决策中不迷失方向。

92 弹力

物体因外力产生形变后的恢复力，简称为弹性力，有时也简称弹力。例如，放在地面上的物体会对地面产生正压力，地面会对其上的物体产生支持力；绳子被拉紧时产生张力；弹簧被压缩或拉伸时产生弹力。产生弹力的两个必要条件是接触且要发生形变。形变是可恢复的形变，如果物体的形变过大以致形变不能恢复，则不能产生弹力。例如，用力弯折直尺，直尺会发生形变且会产生弹力，不断加大用力，直尺的弯曲形变不断增大，最后可能会把直尺折断，即弯曲的形变太大不能恢复。同理，我们的学习、工作既要保持精神旺盛，也要注意适度的身体锻炼、休息和放松，就像弹力一样，要做到张弛有度。学习、工作固然要勤奋，但不能长期熬夜，要做到学习、工作、锻炼、休息都不误，方能更好地学习和工作。一个集体的发展也应该是集体的发展和个人的发展相结合，集体的健康发展也需要兼顾个人发展的空间，营造“地尽其力，人尽其才”的良好环境。

93 摩擦力

两个相互接触并挤压的物体在沿接触面做相对运动或有相对运动趋势时，在接触面上产生一对阻碍相对运动的力，称为摩擦力。接触、有正压力、有相对运动或相对运动趋势是产生摩擦力的必要条件。沿水平地面推动一个纸箱，如果推的力太小，而纸箱保持不动，则纸箱与地面之间的摩擦力为静摩擦力。如果推动纸箱的力足够大，纸箱开始滑动，则纸箱与地面之间的摩擦力为滑动摩擦力。人走路时，鞋与地面间存在摩擦且是有益摩擦；汽车行驶时，车轮与地面之间存在有益摩擦。车轮轴承之间也存在着摩擦，但这个摩擦会导致轴承磨损，是有害的。我们要想办法增大有益摩擦，减小有害摩擦。机械工程中，皮带传送装置中正是依靠摩擦力实现传动效果，因为如果没有摩擦力的话，皮带在滑轮上是要打滑的。航空母舰等大型军舰停靠码头，要用粗缆绳绕在专用铁柱上，只要绕 4 圈，缆绳张力就会增大近 2000 倍，所以不用绕几圈就可以把几万吨的大型军舰牢牢地固定住。拔河比赛时，两方施加的拉力可看作是相互作用力，大小相等方向相反，但两方的人所受的地面摩擦力并不相等，哪方的人所受的摩擦力较大，哪方就会胜出。败的一方常常并不是拉力不如对方大，而是己方与地面间的摩擦力较小。在人生的战场上也是这样，我们不是输在对手太过强大，而是输在自己的能力不够。一个集体的发展过程中，我们也要尽力减少阻碍集体发展的有害摩擦，尽最大努力团结人民群众共建美好未来。

94　惯性

我们坐在汽车等交通工具上，在汽车突然起动时身体会向后倒，在突然刹车时又会向前倾，搞得人惊慌失措。这让人对司机的驾驶技术有所怀疑，并时而有些抱怨，同时又担惊受怕。但这不能怪罪到司机师傅头上。因为一切物体都有保持静止或匀速直线运动状态的性质，我们把物体的这种保持静止或匀速直线运动的性质叫惯性。惯性是一切物体固有的属性，没有哪个物体能够例外，而且与物体的运动状态、是否受力都无关，惯性也不是力。可以说物体具有惯性或由于惯性，但不能说物体受到了惯性或者受到了惯性力。

惯性现象总是在物体运动状态突然发生变化时才体现出来。所以惯性也是最容易被忽视的属性，当物体的运动状态发生改变时，它才让人去关注它。这就好比人成长过程中难以改变的习惯，这种习惯很可能伴随我们很多年。有的习惯可以帮助我们成长，有的习惯则会对我们成长毫无益处甚至还可能有害。科学研究表明，真正让人奋进的，不是外力的催促，而是内心不甘沉沦的惯性。所以，我们要对自己有一个清醒的认识，把不好的习惯通通戒掉，把好的习惯持续发扬，利用好的习惯不断努力，正所谓积跬步以至千里，积怠情以致深渊。国家的发展也是这样，特别是像我国，有着上下五千年的文明史，国家的发展会存在着某些历史惯性，这就需要我们大力发展教育事业，博采众家之长，同时与我国优秀传统文化有机结合，一定要探寻、发扬中华优秀传统文化，不断摒弃阻碍国家发展的不好的惯性，积极发扬有利于国家发展的优秀惯性。

95 牛顿运动定律

古希腊哲学家亚里士多德认为，力是使物体运动状态保持不变的原因，也就是说物体的运动需要有力的作用。我国春秋战国时期成书的《墨经》有云："力，刑之所以奋也。""刑"通"形"，意指物体，"奋"意为鸟振翅从田野飞起，即物体运动状态发生改变，整体意思是力是使物体运动状态发生变化的原因。16 世纪，意大利科学家伽利略对亚里士多德的观点提出了质疑，通过设计了理想斜面实验证明，运动可以不靠外力来维持；17 世纪，英国科学家牛顿找到了力与运动变化关系，总结出著名的牛顿运动定律。包括牛顿第一定律：一切物体不受力的作用时，总保持匀速直线运动状态或静止状态。牛顿第二定律：物体的加速度跟物体所受的合外力成正比，跟物体的质量成反比，加速度的方向跟合外力的方向相同。这两大定律从两个方面总结了力与运动的关系。牛顿第一定律强调了物体在不受力的情况下，其运动状态是不会发生变化的；牛顿第二定律描述了力是使物体的运动状态发生变化的原因，并给出了定量的数学公式。

人生亦是如此，若心无挂念，哪有红尘俗事的烦扰。一个人的成长也需要外力的作用，需要家庭的教育、学校的教育和生活、工作上的磨砺。大量研究表明，如果对小孩娇生惯养，纵容小孩坏习惯的养成，孩子长大以后适应社会能力将非常差。一个集体的发展需要有自己的特色，这是经过几千年来文明的积淀而养成的优秀的惯性，同时也需要与其他单位交流，接受最新的科学技术、管理理念的作用，结合实际，推陈出新，不能照抄照搬，方能不断进步、发展壮大。

96 力的相互作用

牛顿第三定律：两个物体之间的作用力和反作用力沿同一直线、大小相等、方向相反，分别作用在两个物体上。正确理解牛顿第三定律，即正确理解力的相互作用。日常生活中的很多事例都可以体会到力的相互作用特性。重力是地球上的物体由于地球的吸引而产生的，地球吸引物体和物体吸引地球也是一对作用力和反作用力；踢足球时，脚会感觉到球对脚的作用；长时间使用的乒乓球拍中间会有磨损的凹痕；武警狙击手长期练习射击，手掌上、手指间会有明显的老茧，这是长期使用枪械造成的；举起重物，会明显感觉到重物对我们的力；桥梁被坦克压垮，说明坦克与桥梁之间的力的作用是相互的。中国古语有云："伤敌一千，自损八百。"正是从军事层面诠释战争会使双方都会有损失。

97 抛体运动

从地面上某点向空中抛出一物体，它在空中的运动称为抛体运动。按照抛出的角度，可以划分为竖直向上抛、竖直向下抛、平抛、斜向上抛、斜向下抛等。物体被抛出后，在忽略空气阻力的情况下，物体只受重力，则运动的各个时刻的加速度都是重力加速度。一般重力加速度看作常矢量，所以抛体运动又是匀加速的平面运动。竖直向下抛的运动最简单，其运动为匀加速直线运动；竖直向上抛的运动整体上可以看作匀减速直线运动；平抛运动是具有水平初速度，重力加速度在竖直方向上的匀加速平面曲线运动；斜向下抛是抛射的初速度的方向与水平面方向具有斜向下的倾角，斜向上抛是抛射的初速度的方向与水平面之间的夹角是斜向上的。后边三种抛体运动由于速度的方向跟加速度的方向是相互垂直的，我们可以把它看成水平方向上的匀速直线运动和竖直方向的恒为重力加速度的匀变速直线运动的合成运动。理论研究表明，当初速度大小相同时，在抛射角等于45°的情况下射程最大。但应该指出，只有在初速比较小的情况下，才比较符合实际，初速度大了，空气阻力不能忽略，实际飞行规律将有很大差别，运行轨迹将不再是抛物线运动了。

当人们在投掷铁饼、标枪和链球时，最佳抛射角都不是45°，而分别为30°~35°，28°~33°，42°~44°，掷铅球为38°~42°。“飞渡黄河”是一个完美地利用斜向上抛体运动规律的例子。若起飞速度达到70~80千米/每小时，并和地面成25°的仰角，可飞出30米；如成45°，可飞出52米，而黄河壶口瀑布两岸相距28米。打靶的战士向远处的靶子开枪，子弹在离开枪口以后的运动也是抛体运动，虽然子弹飞行时间短，子弹下落距离并不多，但足以偏离靶心，故在射击时应当对准高一点的地方。1918 年，第一次世界大战即将结束的时候，德国火炮的射击距离达到了 100 多千米。科学一旦武装了人们的思想，许多难以想象的事情都能够实现。

98　桁架

桁架指的是一种力学结构器件，通常由许多金属或木质直杆接合的三角形单元组成。根据力学规律，四边形具有不稳定性的特征和不固定性的特征，因为一旦有一个接头发生了松动，四边形就变成了菱形，几何结构就发生了变化；而三角形具有固定性和稳定性的特征，因为三点可以确定一个平面，也就是说一个三角形在且只能在一个平面中。以接头固定器件所形成的三角形结构不会变形，只有在某条边长发生改变时，形状才会发生改变。三角形结构可以通过假定梁所受的应力主要来自节点处的拉伸或压缩作用力，人们通常可预测桁架的稳定性。三角形结构不会变形，则桁架中的节点是不动的，每个节点上的合力都为零。桁架使用了三角形，比四边形等其他形状的边要少，则所耗的成本就更少，且能打造出更坚固的构造，可以说，桁架天然地选择了三角形结构。如果桁架的所有组成单元都位于同一平面内，则称为平面桁架。早在公元前 2500 年左右的青铜器时代早期，中西方都存在着的木质房屋就大量使用了木质桁架结构。罗马人使用木质桁架来建造桥梁。随着科学技术的进步，出现了大量的铁质桁架，并利用这些铁质桁架来建造桥梁。起重机等重型机械也多有采用桁架的结构。现在的基建工程中也大量使用了三角形桁架作为支撑。简单的形状撑起不平凡的工程，正如平凡的岗位干出不平凡的事业。

99 保险丝

电流在经过导体时，会有一部分电能转化为内能使导体温度升高，这种现象叫作电流的热效应。电流经过钨丝，钨丝因为电阻而产生光和热。电流可以熔化和焊接金属。利用电流的热效应，人们发明了电饭锅、电炒锅、电烤箱、电熨斗、电热吹风等用电器，电能改变了我们的生活。但有时也要防止电热，因为有些用电器在工作时温度过高，会损坏用电器。例如电视机后盖有散热孔，电吹风后边有散热通道，电脑 CPU 上安装有微型风扇，电脑主机箱和显示器都有散热孔。为防止电路中的电流过大、发生危险，电路中常常要安装保险丝，以保护用电器或人身安全。保险丝是用电阻率大、熔点低的铅锑合金制成的。其工作原理是当电流过大，达到或超过其熔断电流时，保险丝温度达到熔点而熔断，切断电路。所以，当保险丝熔断后，千万不能用铜丝代替。现在多采用空气开关代替保险丝。国防建设中，常有大功率的用电器，更需要合理使用保险丝。同理，人民军队就好比是一根保险丝，当祖国和人民遭遇艰难险阻的时候，广大人民子弟兵时刻准备熔化自己，切断外来威胁。熔化不是懦弱，而是坚强，坚强地守护着我们的祖国和人民。正是因为几千年来，无数优秀中华儿女抛头颅、洒热血、舍生忘死地甘当人民的保险丝，我们才会有世界唯一的传承五千年的生生不息的光辉灿烂的文明。

100　跳高

能量的概念最早是19世纪初由英国物理学家托马斯·杨提出的。物理学的各个领域很快采用了这个概念。对一个物体来说，外力和非保守内力对系统做功的总和等于该系统机械能的增量。且在系统运动过程中不同形式的能量之间存在着相互转化。我们常用“飞檐走壁”“纵跳如飞”等成语来形容一个人的武功高强。“飞檐”要靠臂力做功，双手抓住屋檐、砖缝等可以借力之处，交替倒动；“走壁”是靠腿力做功，在墙头屋脊行走自如，仿佛体操中的走平衡木；“窜房”是抓住屋檐，收腹翻身，做单杠的“翻身上”动作。这些功夫靠的是平衡能力和弹跳能力。经过运动生物力学计算，一个体重70千克的人，要越过两米以上的高度，起跳的蹬地力需要400～450千克力，这是人体在助跑的情况下，以最大体能给予地面的作用力。如果不加助跑而原地双足向上纵跳，人在准备起跳的过程中，首先要下蹲，重心下移，然后双脚用力蹬地，全身立即趁势而起，完成立定跳高动作。人体内部（腿部、膝盖、臀部、腰部等）的非保守力做功，转化为整个人起跳的动能，在空中时，动能转化为重力势能。人体上跳的功能关系类似于弹簧系统的上跳。在有助跑的跳高跳远的运动过程，人跑步全速前进，具有动能，到达起跳点腾身而起，动能转化为在起跳后空中的重力势能。

101　蓝色的大海

大海是蓝色的，漂亮的喷泉水是白色的，浪花是白色的。我们都知道水是无色透明的，但在不同的环境下会存在着不同的颜色，其实都是太阳光作用的结果。当太阳光照射到大海上，红光等波长较长的光能穿透海水甚至能够到达海底，但是在海水中会不断地被海水所吸收，而蓝光等波长较短的光，被海水吸收得要少一些，大部分蓝光遇到海水会发生反射、散射现象，被海水反射或散射的光中蓝光多于红光，所以海水是蓝色的。浪花主要是由一些泡沫和小水珠组成。泡沫的表面是水膜，小水珠就像一些棱镜，当光线照射在泡沫和水珠上时，会在它们的表面发生反射和折射。射出时又会碰到周围的泡沫和水珠，又将发生反射和折射，光线经过多次反射和折射后，从各个不同的方向反射出来。泡沫和水珠的表面对各种颜色的光反射机会几乎是均等的，所以在太阳光下浪花、喷泉水花是白色的。飞流直下“三千尺”的瀑布也是由无色的水组成的，远处观察呈现出白色，所以才“疑是银河落九天”。

102　光的直线传播

古代先民通过对光的长期观察发现，光在均匀介质中沿直线传播。人眼就是根据光的直线传播来确定物体或物像的位置的。通过密林树叶间隙射到地面的光线形成射线状的光束，从小窗中进入屋里的日光都足以证明光是沿直线传播的。光线照射在不透光的物体上，不透光的物体把沿直线传播的光挡住了，在不透光的物体后面受不到光照射的地方就形成了影子。春秋战国时期，我国杰出的科学家墨翟和他的学生完成了世界上第一个小孔成倒像的实验，发现并解释了小孔成倒像的原理：在一间黑暗的小屋朝阳的墙上开一个小孔，人对着小孔站在屋外，屋里相对的墙上就出现了一个倒立的人影。墨翟解释说，光穿过小孔如射箭一样，是直线行进的，人的头部遮住了上面的光，成影在下边，人的足部遮住了下面的光，成影在上边，就形成了倒立的影。这是对光直线传播的第一次科学解释，比西方相似理论早两千多年。光的直线传播性质，在我国古代天文历法中得到了广泛的应用，制造了圭表和日晷，测量日影的长短和方位，以确定时间、冬至点、夏至点；在天文仪器上安装窥管，以观察天象，测量恒星的位置。日食是在月球运行至太阳与地球之间时发生，来自太阳的部分或全部光线被月球挡住。月食是当月球运行至地球的阴影部分时，在月球和地球之间的地区会因为太阳光被地球所遮蔽，就看到月球缺了一块或全部。此时的太阳、地球、月球恰好（或几乎）在同一条直线上。猎人持枪射击瞄准，通常将物、准星、眼睛三点看成一线。现在，利用激光束作为基准线，在被测点上设置激光束的接收装置，求得准直点偏离值的激光准直法更是有着广泛的应用。

103　光的反射

光的反射是当光在两种物质分界面上改变传播方向又返回原来物质中的现象。光遇到水面、玻璃以及其他许多物体的表面都会发生反射。反射光线与入射光线、法线在同一平面上；

反射光线和入射光线分居在法线的两侧；反射角等于入射角。可归纳为："三线共面，两线分居，两角相等。"光的反射现象中，光路是可逆的。我国早在夏朝就有关于光的反射的认识，相传为记载夏、商、周三代史实的《书经》中就提起过月球本身是不发光的，它只是反射太阳的光。战国时的著作《周髀》里就明确指出："日照月，月光乃生，故成明月。"《墨经》里专门记载一个光的反射实验：以镜子把日光反射到人体上，可使人体的影子处于人体和太阳之间。这不但是演示了光的反射现象，而且很可能是以此解释月食的成因。西汉时人们干脆说"月如镜体"。关于平面镜反射成像规律的研究，在周代后期就在进行了。《墨经》中就指出：平面镜成的像只有一个，像的形状、颜色、远近、正倒，都全同于物体。《墨经》还指出：物体向镜面移近，像也向镜面移近，物体远了，像也远了，有对称关系。这个总结是完全正确的。高楼大厦的玻璃墙可以反射太阳光，玻璃墙内成像。在恶劣环境下，充分利用镜子反射光线和成像的特点可以为观察任务提供一些方便；但镜面反射也容易暴露自己的行踪。潜望镜就是在一根管子中装有四个45°倾斜的反光镜，让光线连续反射几次，就绕过了不透明的物体，战士就可以坐在战壕里观察敌人的动态，而不必把头露出地面。潜艇中的潜望镜可以让潜艇不浮出水面就可以观察到水面上的敌情。

104　光的折射

没有经验的小孩或游泳者常在池塘、河流因误判水深而遇到很大的危险。因为他们不懂得，我们看到的水中的物体，是因为水中物体的光线进入人的眼睛，光线从一种介质（水中）进入另外一种介质（空气）时，在介质的分界面上会产生折射现象，且折射会把一切浸在水里的物体提得好像比真正的位置高。光线是从折射率大的介质（水，20℃时折射率为1.33）进入折射率比较小的介质（空气，折射率约等于1），人的眼睛看到的池塘、河流以及蓄水池的底部的深度比其真正深度都差不多要浅1/3，人们如果把这种假象当真的话，往往就会陷入危险。特别是儿童和一些身材不高的人如果把水的深度估计错了，就有陷入危险的可能性。产生这种现象的根本原因是光线在不同的介质中的传播路径是不一样的，在两种介质的交界面上发生了折射现象。一半浸在水中的筷子看上去好像是折断的；水盆底部放一枚钱币，钱币好像位置升高了；看游泳的水池底部似乎是凹形的。这都是因为光线受到折射以后，从水里进入空气的光线会在水与空气的交界面上发生折射，光路发生了弯曲，而人的眼睛却在光线的延长线上。理论研究表明，光线的进路越倾斜，看到的水中物的位置就越高。这就让我们常常会觉得直接在我们下面的那一部分的池底最深，而四周越远越浅。同理，战士发现有从水中来的敌人时，就应当将枪口适当向下压低才容易击中目标。

105　人在水中

光在两介质交界面上的折射现象中光路是可逆的。大多数人在水里都不能睁开眼睛，需要借助游泳镜看东西。大家可能会想，水是透明的，在水里看东西就应该和在空气中一样清楚呀。其实不然，大多数人在水里是无法睁开眼睛的。因为人进入水里，身体各个器官都要受到水的压力，包括眼睛都会感受到水压；同时人体眼睛的折射率和水的折射率是差不多的。纯水的折射率是 1.33，而人体眼睛的角膜和玻璃体的折射率是 1.33、晶状体是 1.43、水状液是 1.33。在水里，光线在人的眼睛里所形成的焦点是在视网膜的后面很远，因而在视网膜上所显现出的物象是非常模糊的，使人很难看清物体。只有非常近视的人才可能在水下比较正常地看到物体。所以，下水时都要佩戴上折射率极强的特制玻璃制成的潜水眼镜。其特制玻璃是折射率差不多等于 2 的铅玻璃制成的。光线是从折射率小的介质（空气，折射率约等于 1）进入折射率比较大的介质（水），看到景物的效果和光线从水进入空气是恰好相反的。